Sketch 交互设计之美：从零基础到完整项目实现

夜 雨 编著

北京大学出版社
PEKING UNIVERSITY PRESS

内 容 提 要

交互设计师需要一款简单、高效的矢量交互设计工具，本书以Sketch、Principle软件的使用作为基础，以完整项目实践为故事线，结合交互设计方法论的思考，让广大交互设计师、Sketch软件爱好者深入浅出地掌握软件的使用方法，并快速应用到实战项目中。

全书共分为8章，第1章为初识Sketch，主要介绍Sketch软件的特性和应用场景，通过该章的介绍，让读者初步了解软件的安装和使用方法；第2章为快速入门，结合具体的案例学习，让读者学会Sketch直线、矢量、矩形等基本工具的使用，同时，对交互设计有一定的认知；第3章为基础运用，详细介绍界面设计的理论，并让读者掌握界面中图像、图标等元素的处理方法；第4章为高级运用，深入介绍Sketch核心高级功能Symbol的使用，剖析Sketch能成为交互设计工具的原理；第5章为团队协作，帮助读者利用Sketch解决团队协作的难题，优化团队成员的协作模式；第6章为交付输出，为读者展示如何使用Sketch输出高质量的交互设计和视觉设计输出物；第7章为动效设计，将Sketch与Principle结合起来，为用户创造愉悦的动效体验；第8章为完整后台设计实现，将完整呈现一个管理后台项目的设计过程，帮助读者总结提炼软件使用、交互水平提高的学习经验。

本书适合零基础的Sketch爱好者，尤其是想在交互设计方向发展的人员，也可以作为产品经理、交互设计师、视觉设计师、用户体验设计师等设计从业人员的工具使用指南。

图书在版编目(CIP)数据

Sketch交互设计之美：从零基础到完整项目实现 / 夜雨编著. — 北京：北京大学出版社，2018.8

ISBN 978-7-301-29608-0

Ⅰ.①S… Ⅱ.①夜… Ⅲ.①图像处理软件 Ⅳ.①TP391.413

中国版本图书馆CIP数据核字(2018)第123453号

书　　　名	**Sketch交互设计之美：从零基础到完整项目实现**	
	SKETCH JIAOHU SHEJI ZHI MEI: CONG LING JICHU DAO WANZHENG XIANGMU SHIXIAN	
著作责任者	夜　雨　编著	
责 任 编 辑	吴晓月	
标 准 书 号	ISBN 978-7-301-29608-0	
出 版 发 行	北京大学出版社	
地　　　址	北京市海淀区成府路205 号　100871	
网　　　址	http://www.pup.cn　　　新浪微博：@北京大学出版社	
电 子 邮 箱	编辑部 pup7@pup.cn　总编室 zpup@pup.cn	
电　　　话	邮购部 62752015　发行部 62750672　编辑部 62570390	
印 刷 者	北京宏伟双华印刷有限公司	
经 销 者	新华书店	
	787毫米×1092毫米　16开本　21.25印张　432千字	
	2018年8月第1版　2024年1月第3次印刷	
印　　　数	5001-7000册	
定　　　价	99.00 元	

说来惭愧，作为一名交互设计师、设计从业人员，我其实对 Photoshop 一窍不通。2015 年，我开始有意识地学习视觉设计，并且试图寻找一款简单的视觉设计工具。彼时，已经有火热趋势的一款矢量设计工具——Sketch 正式进入我的视线。一经使用我就发现，它就是我心中最完美的设计工具。作为视觉工具，不仅帮助我做出了漂亮的作品集，还帮助我完成了大量的交互设计工作。更不可思议的是，在 Sketch 中，交互设计和视觉设计是可以融为一体的。

我把这个惊喜带到了公司所在的项目组，立即提高了项目组的设计效率，得到了所有项目组成员的高度认可，并且鼓励我向全公司讲述这款设计工具的使用心得。这个时候，我意识到好的知识经验应该是属于大众的，我开始在本人创办的爱交互网站分享 Sketch 和交互设计结合的使用心得，通过"夜雨原创玩转 Sketch"系列进行连载，在 Sketch 爱好者中得到了不错的反响。连载十多期后，有幸收到出版社的邀约，让我把这份宝贵的经验通过更多的渠道分享给读者。

○ 本书特色

1. 完整项目实现

在写作构思的过程中，我觉得仅仅介绍 Sketch 零散的操作技巧是不够的，不仅容易遗忘，而且大多数复杂的技巧可能在实际的工作中完全用不到，这是很尴尬的事情。况且，在互联网时代，所有软件的技巧都可以从网上轻易获得。所以，本书从一开始就和项目实践结合起来，将交互设计师作为 Sketch 的主要使用对象，分别讲述在项目的不同阶段，交互设计师是如何使用 Sketch 这款设计工具开展交互设计工作的。书中几乎所有的软件操作都是和项目交互设计息息相关的，并没有多余的说教，处处实用。这是本书的第一个特色，也是区别于网络软件教程的地方。当然，这个项目是虚构的，希望读者不要过于较真。

2. 理论与实战并重

本书在讲述 Sketch 软件的使用方法前，会优先讲解设计思维和方法论，让读者首先思考设计的流程和意义。此外，重点章节都设计了实战教学环节，是各章所学知识的综合运用，旨在帮助读者熟练掌握每个章节的内容；特别是在本书的最后一章，介绍了一个完整的管理后台设计案例的实现过程，希望对大家掌握整本书的理论和实践内容有所帮助。

3. 注重团队协作

互联网设计师不是孤胆英雄，需要和团队成员紧密合作，才能发挥其最大的价值。本书主要围绕交互设计师的设计工作进行展开，在设计过程中加入了和其他角色紧密协作的内容。例如，在第 5 章中介绍如何利用 Sketch 的特性和产品经理、视觉设计师进行协作的流程；在第 6 章中，站在视觉设计师的角度，用换位思考的方式，深入了解视觉设计师的输出物；在第 7 章中，更是列举了在进行动效设计时，需要和前端工程师保持沟通的要点。

○　其他设定

本书注重理论与实践相结合的学习方法，虚构并完整呈现了一个项目的实现流程，帮助读者将 Sketch 融入交互设计工作之中。与此同时，与日常项目相关的 3 个角色也将全程参与到项目中，为读者呈现我在项目组推广 Sketch 的故事。

少总：民企产品经理，做事严谨，一丝不苟，注重细节，追求完美。

夜雨：高级交互设计师，乐于助人，喜欢尝试新事物，有一颗产品经理的心。

萌萌：设计新人，服装设计专业应届毕业生，小迷糊，"萌妹纸"。

○　学习资源

读者可以在我的爱交互网站页面下载本书全套的案例文件和每章节后面的思考题答案和操作题提示，具体地址为 http://www.iueux.com/1200.html。或通过扫描本书中的二维码快速查看每章的思考题答案和操作题提示。还可以通过微信扫描右边二维码关注公众号，并输入代码"88666"，即可获取配套学习资源。

○　致谢

感谢我的良师益友小楼一夜听春雨的鼓励和支持，让我鼓起勇气写这本书。感谢北京大学出版社的魏雪萍主任和责任编辑吴晓月老师，在本书修改过程中给予宝贵的意见和支持。感谢我的好朋友兼前端工程师 River，是他在动效设计方面给予了技术理论支持。

感谢阿西 UED、黄杰、唐杰、张恒、刘飞等前辈，他们在百忙之中花时间阅读本书，撰写评语，并提出了宝贵的建议。

感谢我的家人，没有他们在背后的默默支持和在家庭生活中的无私付出，也不会有这本书的问世。

最后，尽管我尽己所能对本书进行了多次修改，但由于自身水平所限和 Sketch 软件更新迭代的影响，疏漏之处在所难免。在此，恳请广大读者朋友批评指正，我会在适当的时机进行修订，不断完善本书内容。

夜雨

目录
Contents

第 3 章 基础运用 // 93

第 4 章 高级运用 // 158

第 7 章　动效设计 Principle // 275

第 8 章　完整后台设计实现 // 317

第❶章 初识 Sketch

Sketch 是一款轻量、高效的矢量设计工具，曾赢得 2012 年苹果设计奖（Apple Design Award），特别适合产品经理、交互设计师、视觉设计师、用户体验设计师等人员使用。

Sketch 界面简单易上手，用户只需要花费几分钟，就能使用 Sketch 创作一个简单的图像，特别有成就感。

作为高效率的协同设计工具，Sketch 受到越来越多知名企业，包括微信、谷歌、Teambition 等企业在内的重视，甚至被写进了交互设计师、视觉设计师的招聘要求当中。

Sketch 专门为移动端设计提供优化和支持，使用 Sketch 自带的组件库，可以很轻松地为主流的 Android 和 iOS 设备设计。全书将通过完整的移动端项目——"夜视"，探讨如何将 Sketch 一步步应用到项目实践当中去。

"少总，不是说好新项目需要一名经验大牛吗？怎么是个刚毕业的……"

"呃，项目预算不多，你不是要在全公司推广我们团队的新设计工具和设计方法吗？先从新人开始。"

"大家好，我是设计新人，我叫萌萌，Sketch？这是啥……"

1.1　拥抱变化，交互设计师的蜕变之旅

2010 年，划时代产品 iPhone 4 和 iPad 相继诞生，设计和体验作为移动互联网的时代产物正式进入人们的视野。从此，产品不管规模大小，都在努力提升自己的设计和体验。在如今产品"体验即正义"的社会，糟糕的设计和用户使用体验实在有损产品的商业利益。为了将产品变得"好看"和"好用"，交互设计行业应运而生。交互设计师这个作为平衡商业、设计和体验的执行者，经过多年的发展，愈发得到了产品和技术的认可。

交互设计师通过各种各样的设计工作探索设计和体验真正的价值，试图找到用户体验和商业价值的平衡点，并为衍生的设计问题提供解决思路和落地方案。在被高度认可的背后，交互设计师也有自己的职业焦虑，产品、交互和视觉的界限本身就比较模糊，甚至大部分公司都不提供交互设计岗位，仅由产品经理或视觉设计师兼任。2017 年阿里巴巴取消对 UI（User Interface，用户界面）或交互岗位的招聘，代之以"全链路"设计的消息一出，更是把这种焦虑放大到极致。

事实上，不仅交互设计师如此，视觉设计师也面临着阿里自动化设计工具"鲁班"的冲击。单纯服务于交互或视觉，已经不能满足时代对全面型设计师的要求，因为到了一定阶段，设计的意义都是为了解决实际问题。新时代的交互设计师不能只会"交互"，还需要懂"产品""视觉"和"技术"，这是我们必须要接受的事实，也是未来发展的必然趋势。保持不断学习、不断进取的态度，才不会在时代变革的浪潮中被淘汰。

令人痛心的是，Sketch 之类便捷的设计工具的诞生，使"交互设计"和"视觉设计"的壁垒和门槛进一步降低，丝毫没有改变交互设计师争论 Axure 和其他原型设计工具哪个好用，以及视觉设计师好不容易使用 Photoshop 中 1% 的功能做视觉设计的现象，更别说批量产生精通交互、视觉设计的全面型人才。

传统的设计思维和设计分工，已经不能为交互设计师带来更大的价值，求变成为交互设计师的唯一出路，然而复杂的 Photoshop 也让交互设计师对视觉设计望而生畏。似乎交互设计师需要一款上手简单，但功能强大的全能型设计工具，最好能同时满足交互和视觉的设计需求，来帮助自己完成蜕变，这款神奇的工具就是 Sketch。

1.2　Sketch 简介

在接触 Sketch 之前，对于大部分企业来说，几乎所有产品都是由交互设计师通过 Axure

完成线框图绘制的，再交由视觉设计师使用 Photoshop 输出视觉设计稿，最后交付前端工程师对照多份文稿来还原。深入学习 Sketch 之后，就会惊奇地发现，交互设计师、视觉设计师都可以使用 Sketch 作为"生产力"工具，并且使用第三方插件一键输出前端工程师所需的样式、标注和规范，大大提高了团队协作效率。正因为这一点，Sketch 受到了越来越多的企业相关设计人员的喜爱。

1.2.1　Sketch 是什么

Sketch 是 Bohemian Coding 公司开发的一款轻量、高效的矢量设计工具，曾赢得 2012 年苹果设计奖（Apple Design Award）。Sketch 最早发布于 2010 年，经过多年的打磨，已经成为设计软件界的口碑之选，并且获得众多知名设计师的一致好评，Sketch 的发展历程如图 1-1 所示。

图 1-1　Sketch 的发展历程

Sketch 在矢量编辑基础上，提供了基本的位图样式支持（如模糊和颜色调节），支持矩形工具、文字工具、布尔运算等功能，可以把它看作是简化版的 Photoshop，矢量版的 Axure RP。但需要注意的是，Sketch 不是一款位图编辑器，也就是说，如果想做的是照片修正、画笔绘图，这款软件就不合适。

一款高效率的矢量原型设计工具，可能更贴合 Sketch 的定位，尤其适合交互设计、视觉设计。

Sketch 的使用群体以产品、设计相关从业人员为主，包括但不限于产品经理、交互设计师、视觉设计师、用户体验设计师等。此外，前端工程师亦可使用并从中受益。

1.2.2　Sketch 的优势

1. 界面简单易上手

一款软件是否好用，上手难度是初学者首先需要接受的考验。Sketch 界面简单易上手，大大降低了初学者的学习门槛，这也是 Sketch 官方一贯强调的："我们提供一款轻量化的软件，希望设计师们专注于设计本身。"与 Photoshop 复杂的界面相比，Sketch 的界面十分简洁，如图 1-2 和图 1-3 所示，这也是极力推荐设计师，特别是交互设计师学习这款软件的原因，它不需要初学者花多少精力就能上手，并应用到设计中去。

图 1-2　Sketch 主界面截图

图 1-3　Photoshop 主界面截图

2. 高、低保真原型一键切换

在产品设计项目中，低保真原型的重要性不言而喻，但不可忽视的是高保真原型对产品上线效果的真实预见。单独制作、维护两套高低保真原型，加重了交互设计师的负担，也不利于快速迭代项目。然而，采用 Sketch 绘制线框图能很好地解决这个问题。使用 Sketch 自带的

Symbol 可以很容易地在高、低保真原型图中进行切换，如图 1-4 所示。

图 1-4　高、低保真原型一键切换

3. 支持简单图像处理

Sketch 虽然不是一款位图编辑器，但是它同样支持对图像进行简单的处理，如调整大小、转换格式、添加蒙版等，基本能满足一般的图像处理功能。例如，可以利用 Sketch 添加蒙版的功能得到一枚圆形头像，如图 1-5 所示。

图 1-5　圆形头像蒙版处理效果

4. 自带组件库

通常，如果想要设计一款 iOS 或安卓手机应用，需要自行了解平台的设计规范，动手制作图标素材。然而，Sketch 自带根据官方规范设计的 iOS 和 Material Design 组件库，如图 1-6 所示，色值、布局、图标等素材一应俱全。设计师只需要直接调用即可，大大简化了交互设计中间的必经步骤。

图 1-6   Sketch 自带的 iOS 组件库

5. 丰富的第三方插件

Sketch 的强大，不仅仅在于其自身的强大功能，很大程度上还需归功于第三方插件。设计师借助 Sketch 的插件可以完成自动标注、智能填充、共享素材等炫酷功能。如图 1-7 所示，通过 Sketch Measure 插件，很容易为设计稿生成标注，方便前端工程师开发实现。

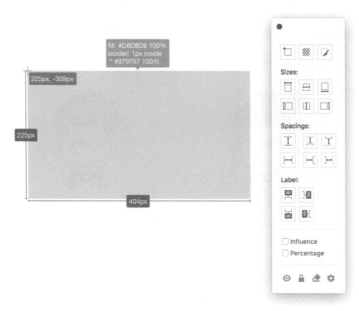

图 1-7   Sketch Measure 插件

6. 团队协作

Sketch 并不仅仅满足于作为一个孤立设计师的生产力工具，而是想要打造更多设计师协同作业的可能，Sketch 47 Beta 版本中的 Libraries 功能更新透露了这一个信息。通过统一的 Libraries（组件库），如图 1-8 所示，多名设计师可以直接调用公共组件库，像搭建积木一样搭建自己的设计稿。难能可贵的是，公共组件库更新后，个人设计稿调用的组件也会同步进行更新。

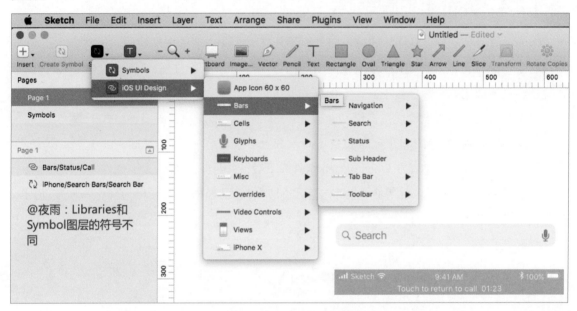

图 1-8 团队协作 Libraries

1.2.3 Sketch 对于团队特别是交互设计师的价值

首先，Sketch 对于团队来说是一款效率很高的设计工具，意味着能快速推进团队创意到具体方案的落地。同时，结合 Sketch 自带的 Symbol（组件）和版本回溯功能，可以从容应对项目的快速迭代。

其次，Sketch 自诞生起就专门为网页、移动端设计提供优化和支持，使用 Sketch 自带的组件库，可以很轻松地用主流的 Web、Android 和 iOS 设备进行设计工作。

最后，最重要的一点是，以交互设计师为轴心，能在 Sketch 中推动团队各个角色之间的协作。

在第 3 章 3.2 节的"框架设计"中，交互设计师将和产品经理一起探讨项目的目标、角色和故事，并利用 Sketch 绘制故事板来重现用户场景。

在第 4 章 4.4 节的"Symbol（组件）"中，交互设计师协同视觉设计师一起制作项目样式库，产出设计规范。

在第 6 章 6.2 节的"视觉设计输出物"中，视觉设计师会根据前端工程师的实际需求输出切图资源，前端工程师也能从 Sketch 中直接获取具体的样式代码。

在第 7 章中，交互设计师将使用"Sketch+Principle"实现交互动效效果，并输出部分动效参数提供给前端工程师实现。

1.2.4　Sketch 的应用前景

作为一款办公软件，Sketch 的应用前景离不开广大企业内部的推广使用。虽然 Sketch 官方并没有公布 Sketch 的具体使用人数，但越来越多的知名企业开始注意到 Sketch 对团队的价值，并且已经具体应用到实际项目中去，下面是一些佐证。

（1）苹果公司官方设计规范提供 Photoshop、Sketch、Adobe XD 等多种格式下载。

（2）谷歌全栈设计师 Siddhartha 打造了一款 Sketch 插件——Sketch Material。

（3）微信小程序提供官方 WeUI_sketch 组件库下载，并且开源了 Sketch 插件——WeSketch。

（4）唯品会、Teambition 等企业招聘交互设计师时，已经把 Sketch 作为其中一项技能列入其中，如图 1-9 所示。

图 1-9　Teambition 对交互设计师的招聘要求

1.2.5　Sketch 和 Photoshop 对比

同样作为绘图软件，在很多时候，人们往往把 Sketch 和 Photoshop 放在一起做比较，但实际上两者面向的用户群体有着本质的区别：Sketch 面向的群体是交互设计师、视觉设计师等界面设计群体；而 Photoshop 的受众则包括图像处理、绘画、广告摄影、印刷、界面设计等从业人员。单从界面设计方面来看，显然是 Sketch 占据一定的优势。Sketch 和 Photoshop 的特性对比如表 1-1 所示。

表 1-1　Sketch 和 Photoshop 的特性对比

	Sketch	Photoshop
文件大小	小	大
运行速度	快	慢
画板设置	单文档多画板	单文档单画板
量级比较	轻量级	重量级
位图处理	不支持	支持
移动组件	有	无

1.3 Sketch 获取

如果用户迫不及待地想要体验一下 Sketch 软件，只需要到其官网下载一个大小约为 24MB 的安装包即可，长达 30 天的试用期足以体验出这款软件的优势，再决定是否为这款价值 99 美元的工具埋单。

1.3.1　Sketch 下载

Sketch 软件目前只能通过 Sketch 官网下载安装，且仅限于 Mac OS 系统使用，最新 66.1 版本（截至 2020 年 5 月）最低要求 macOS Mojave（10.14.4）或更高版本。

需要说明的是，Sketch 属于收费软件，需要支付 99 美元，Sketch 只提供 30 天试用期供用户体验试用。在购买之前，最好准备一张 VISA 的信用卡，也可以使用支付宝，非常的方便。

购买 Sketch 的具体操作步骤如下。

第一步　访问官方网站。官方页面如图 1-10 所示，进入后，单击页面中部的"Get a License"按钮，即可跳转到购买入口（单击"Free Trial"按钮可直接下载安装包试用）。

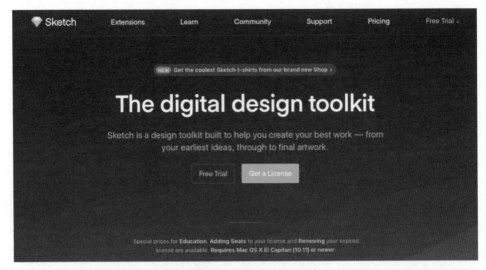

图 1-10　Sketch 官方网站

　　如图 1-11 所示，在购买入口页面单击中间的"Buy Now for $99/year"按钮，即可进入购买页面。

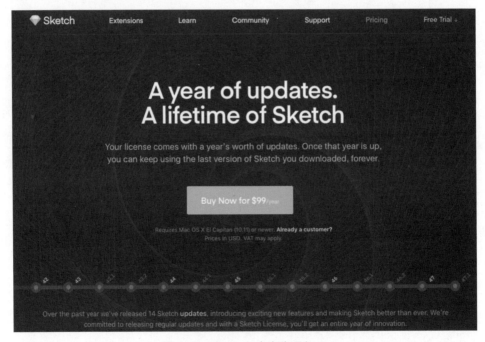

图 1-11　Sketch 官方购买入口

　　第二步　选择支付方式。进入购买页面后，可以选择 VISA（信用卡）、银行转账等方式。如果有优惠券（教育优惠或团队优惠），则可以在此页面"更新优惠券"旁边的输入框输入，如图 1-12 所示，然后单击"下一步"按钮。

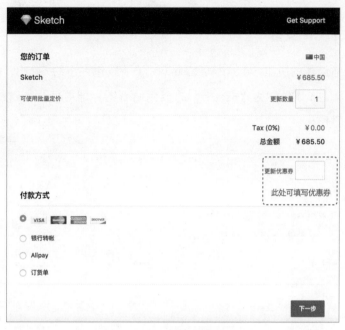

图 1-12　选择支付方式

第三步　填写地址及信用卡信息。如图 1-13 所示，填写订单的信息及信用卡信息，单击"完成订单"按钮即可完成支付。需要注意的是，务必确保电子邮箱地址正确，因为购买成功后，激活码会通过电子邮箱发送。

图 1-13　填写订单信息

1.3.2 Sketch 安装

在官网下载当前最新的版本 Sketch Version 66.1（下载包大小约 54MB，截至 2020 年 5 月）后，如图 1-14 所示，打开名称为"Sketch"的金色钻石图标即可使用。这样直接省略了中间的安装步骤，十分方便。

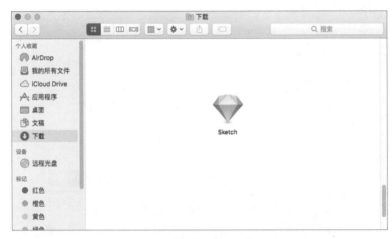

图 1-14　Sketch 安装包

为了方便应用程序的统一管理，可以把 Sketch 程序放到系统应用程序中。操作的方式也比较简单，在当前页面选中"Sketch"图标，拖动到"应用程序"文件夹，如图 1-15 所示。

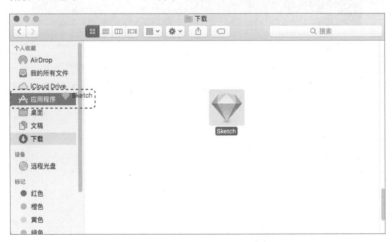

图 1-15　Sketch 安装到应用程序

1.3.3 Sketch 激活

安装之后，就可以打开软件进行激活了。如图 1-16 所示，选择"Sketch"→"About&

Registration"命令，在弹出的对话框中单击"Register"按钮，输入邮件收到的"License Key"，然后单击"Register"按钮，即可完成激活。

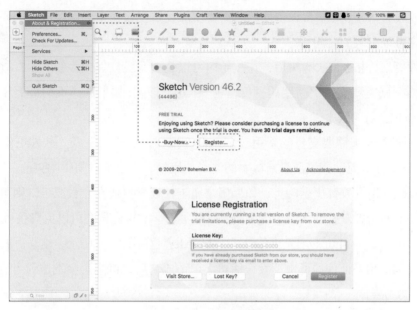

图 1-16　Sketch 激活路径

激活后的界面如图 1-17 所示，其中有个"UPDATES AVAILABLE UNTIL"，并且下方显示了一个日期，是不是意味着这个软件要按年付费呢？并不是的，这涉及 Sketch 的定价策略，具体请看下文"Sketch 定价策略"。

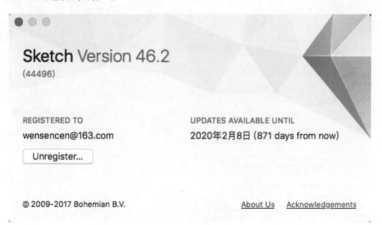

图 1-17　Sketch 激活成功后界面

1.3.4　Sketch 定价策略

Sketch 的价格包括 3 个部分，即基础价格＋授权设备价格＋软件更新价格。

（1）基础价格：即首次购买的费用，价格为 99 美元，允许在一台设备上使用，包含一年的免费版本更新。

（2）授权设备价格：即多台设备使用时需要增加设备授权费用，价格取决于要添加的授权设备数量及许可证剩余的时间。

（3）软件更新价格：首次购买后，在一年内可以免费升级软件到最新版本，过期后，如果需要继续更新，则需要支付更新费用，价格为 69 美元 / 年。如果选择不购买更新，依然可以继续使用 Sketch 当前的版本。

虽然 Sketch 看起来需要支付的费用较多，但"授权设备价格"及"软件更新价格"不是必需的，相当于 99 美元购买当前最新版本的终身使用权，还是非常值得购买的。

另外，Sketch 提供教育优惠购买，如果用户属于在校学生或在校教职工，则可以提供学生证、教师证等证明材料 5 折购买，十分划算；如果属于学术机构，则可以免费获得。

教育优惠申请地址：https://sketchapp.com/store/edu/。如图 1-18 所示，填写一些基本资料并提供学生证或其他相关证件即可申请教育优惠。申请成功后，优惠码会发送到当前页面填写的邮箱地址。

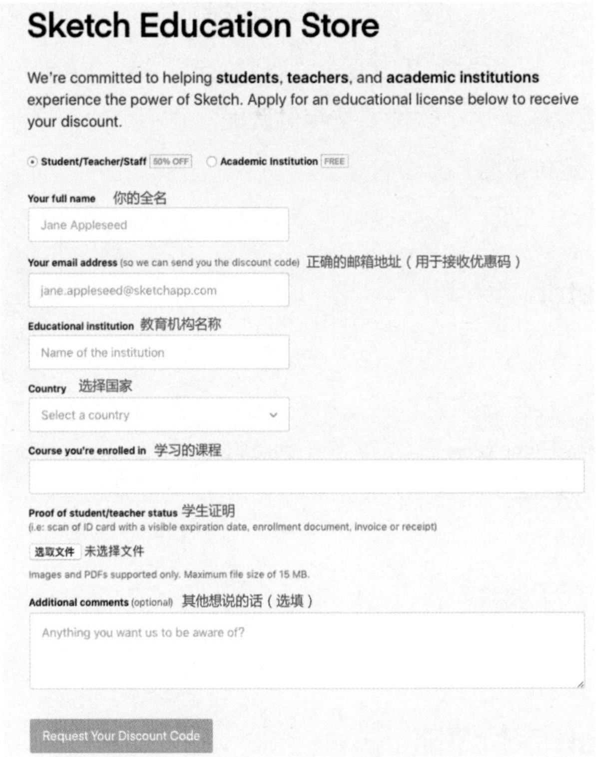

图 1-18　Sketch 教育优惠申请表单

1.4　Sketch 界面介绍

获取 Sketch 之后，首先从界面开始认识一下这款软件。如图 1-19 所示，Sketch 主要分为菜单栏、工具栏、页面、图层、画布、检查器等几部分。Sketch 界面十分简洁，使用期间也不会涉及太多的参数逻辑，所以对汉化的要求不高。

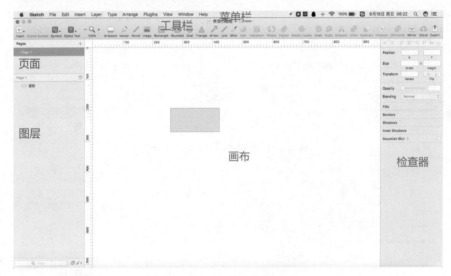

图 1-19　Sketch 界面模块

1.4.1　菜单栏

Sketch 的菜单栏分为 File（文件）、Edit（编辑）、Insert（插入）、Layer（图层）、Type（样式）、Arrange（排列）、Plugins（插件）、View（视图）、Window（窗口）、Help（帮助）等。从字面上很容易理解各个菜单的大致用途，后续会结合实际操作展开各个菜单的具体应用。一般来说，用得最频繁的是 Plugins 菜单，如图 1-20 所示，因为其中包括所有的第三方插件。

图 1-20　Sketch 菜单栏

1.4.2　工具栏

工具栏主要放置矩形、文字、椭圆等工具，需要说明的是，Sketch 的工具栏是可以自定义的，用户可以根据自己的使用习惯定制工具栏。具体步骤是：①右击工具栏，选择"Customize Toolbar"命令；②在展开的工具栏中选中具体的工具，拖动鼠标将其放置在工具栏的任意位置；③单击"Done"按钮即可完成工具栏的自定义，如图 1-21 所示。

当然，用户也可以直接拖动展开工具栏中的矩形横条放置到工具栏中，该矩形条是默认配置好的工具栏，适合前期还不太熟悉工具栏时使用。

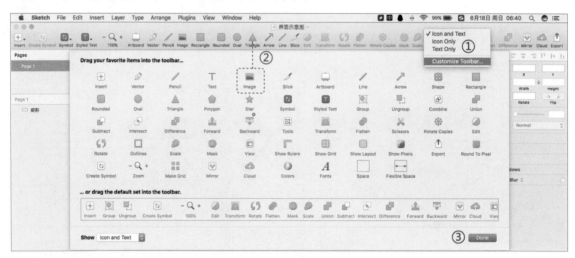

图 1-21　Sketch 工具栏

1.4.3　页面

Sketch 可以创建多个页面，页面之间互不干扰，且可以同时引用 Symbol。添加页面的方式也比较简单，单击"Pages"右侧的"+"按钮即可完成创建，如图 1-22 所示。

双击页面名称，进入编辑状态，可以对页面重新命名。

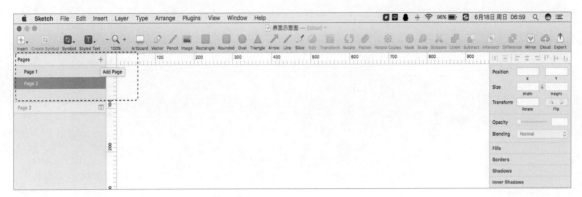

图 1-22   Sketch 页面

1.4.4   图层

文字、表格、图形等元素如同一张张透明胶片一样叠放在一起，胶片之间独立且可以叠加，这就是人们通常所说的图层。打个比方，眼、耳、口、鼻等多个图层叠放在一起，就组成了一张人脸，可以修改其中一个图层使人脸发生变化。上述提及的页面，就是由一个或多个图层组成的。

通过图层区域，可以快速定位到具体的图层，并且可以对图层进行处理。例如，鼠标悬停在图层上方时，如图 1-23 所示，可以单击"眼睛"图标对图层进行显示、隐藏操作；同样地，双击图层名称，即可对图层进行重命名。

图 1-23   Sketch 图层

1.4.5   画布

画布是使用 Sketch 进行创作的核心，在 Sketch 中，正中央区域就是画布，画布是可以无限延伸的，即画布没有规定大小。用户可以直接在画布上绘制图层，当然，也可以在画布上通过添加画板（Artboard）来限定创作区域，一个画布中可以包括多个画板，如图 1-24 所示。

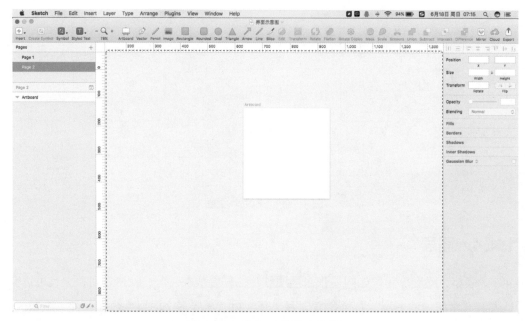

图 1-24   Sketch 画布和画板

1.4.6   检查器

检查器是为具体图层配置参数属性的一个区域，在检查器中，用户可以对图层大小进行编辑、旋转、上色、添加阴影等操作，如图 1-25 所示。

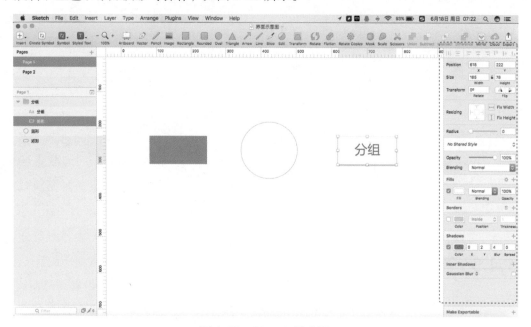

图 1-25   Sketch 检查器

1.5　Sketch 上手试用

通过前面的介绍，已经对 Sketch 有了总体的了解，现在，开始创作第一个内容吧！

第一步　打开 Sketch，新建一个文件。如果是安装后首次打开，会出现一个欢迎页面，如图 1-26 所示，这时选择 "Templates" → "New Document" 选项打开即可。

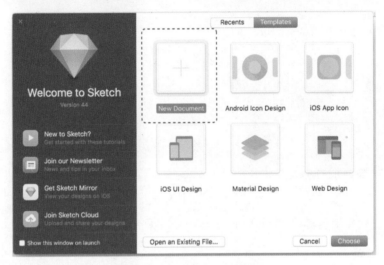

图 1-26　Sketch 欢迎页面

第二步　插入一个图形。用户可以通过工具栏的椭圆工具插入，或者通过工具栏的 "Insert" → "Shape" → "Oval" 命令插入，如图 1-27 所示。

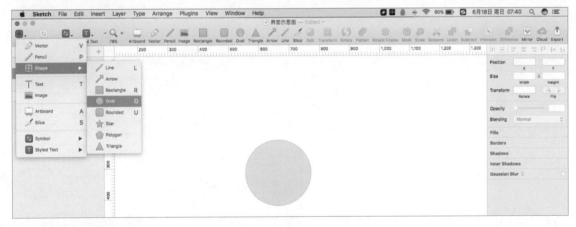

图 1-27　插入一个图形

第三步　调整椭圆的比例大小。通过检查器的 "Size"，调整椭圆的宽度（Width）和高度（Height），使其成为圆形。如果单击 "锁" 图标，则锁定了椭圆的高度和宽度按照固定比例进行调整，如图 1-28 所示。

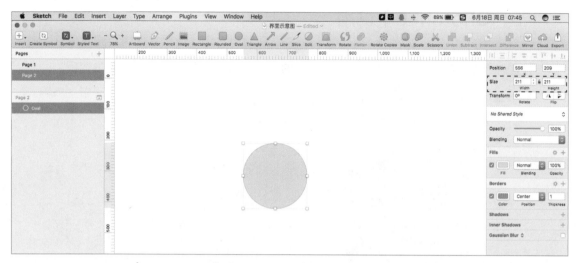

图 1-28　调整椭圆的比例大小

第四步　调整圆形的填充和边框颜色。通过检查器的"Fills"（填充）和"Borders"（边框）选项区域，分别选中"Fill"和"Color"复选框，选择自己想要的颜色，如 Fills 为白色（#FFFFFF）、Borders 为紫色（#BD10E0）。至此，第一个创作的内容就完成了，如图 1-29 所示。

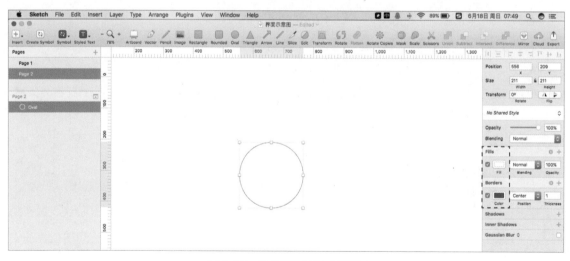

图 1-29　设置填充和边框颜色

第五步　导出第一个内容。创作的内容完成后，下一步就是导出的操作。如图 1-30 所示，选中刚才创作的圆形，在 Sketch 界面右下角选择"Make Exportable"选项。在展开的面板中，单击"Export Oval"按钮即可。导出图形时可以选择 PNG、JPG、TIFF 等格式。

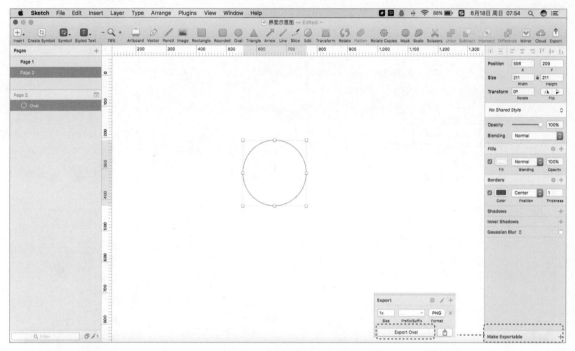

图 1-30　导出第一个内容

第六步　保存 Sketch 文件。完成第一个作品后，保存 Sketch 文件，选择"File"→"Save"命令，（或按"Command+S"组合键），如图 1-31 所示。

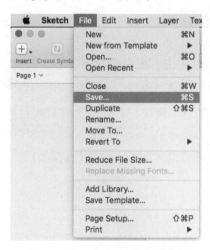

图 1-31　Sketch 保存文件路径

第七步　选择存储位置和为文件命名。在弹出的保存框中，选择文件需要存放的位置，在"Save As"右侧输入框中为文件命名，再单击"Save"按钮，即可完成 Sketch 文件的保存，方便下次打开该文件继续编辑使用。成功保存后的文件后缀为".sketch"，如图 1-32 所示。

图 1-32　Sketch 文件保存界面

1.6　团队项目介绍

把设计工具应用到具体项目中去，更贴近日常工作，才能在全公司推广 Sketch 中获得更好的效果，并在新的短视频项目——"夜视"中全程应用 Sketch。下面将从项目背景、功能需求、产品架构等方面介绍项目的具体情况，以便让大家对项目有一个初步的了解。

1.6.1　项目背景说明

1.立项短视频项目的原因

为什么选择短视频作为虚拟项目，而不是其他？有以下两个方面的原因。

（1）短视频项目能讲一个好故事，它是继文字、图片之后具备内容沉淀想象力的载体，它满足了用户碎片化时间利用的需求。同时，它有与生俱来的商业变现（广告、品牌、电商导流）的基因。

（2）短视频项目几乎都会选择移动端输出，Sketch 软件对移动端设计提供很好的支持。此外，短视频项目重运营，在后续的设计流程中，可以继续展开短视频后台管理的功能。

2. 短视频的玩法

从内容生产方式来看，可以分为 PGC（Professional Generated Content，专业团队生产内容）、UGC（User Generated Content，用户原创内容）两种，代表产品分别为开眼和快手，如图 1-33 所示。

开眼 Eyepetizer　　　　　快手

PGC　　　　　　　UGC

图 1-33　不同的内容生产方式（开眼和快手）

从功能作用来看，可以分为留存、社交、工具 3 种，代表产品分别为西瓜视频、美拍和猫饼，如图 1-34 所示。这里的留存是指今日头条为了增加用户的停留时间，推出了西瓜视频；美图借助美拍——短视频工具让用户之间产生互动，作为工具化产品的社交体系补充；猫饼作为新上线的视频 App，主打视频编辑，用视频讲故事。

西瓜视频　　　　美拍　　　　猫饼

留存　　　　　社交　　　　工具

图 1-34　不同功能属性的短视频应用

从布局领域来看，可以分为综合类和垂直类两种，代表产品分别为秒拍和抖音，如图 1-35 所示。其中抖音专注于音乐短视频领域。

秒拍　　　　　　抖音

综合　　　　　　垂直

图 1-35　综合类和垂直类短视频应用

"夜视"项目选择垂直细分领域——手机评测、体验、把玩相关短视频，采用 PGC 的内容生产模式，旨在成为手机选购、手机品牌展示的权威短视频第一网站。

3.短视频的格局

短视频的玩家很多，头部玩家有秒拍、快手、梨视频、西瓜等，也有新兴的创业玩家猫饼、车本等。但总的来说，现在短视频还处于混战阶段，创业者还有机会，但留给创业者的时间已经不多了。

4."夜视"短视频的玩法

采用 MCN（Multi-Channel Network，舶来品）模式，将 PGC 内容联合起来，在资本的有力支持下，保障内容的持续输出，最终实现商业的稳定变现，如图 1-36 所示。

（1）用户：为用户提供权威、精心制作的购机决策视频，帮助用户做购机决策，后续和电商打通，支持一键下单。

（2）内容提供方：由专业机构提供手机测评、体验、把玩视频内容，专注生产优质内容。

（3）夜视：对内容质量负责，提供手机底层数据库（手机参数表），为用户提供内容，为专业机构提供流量增长和商业变现，让专业机构专注于生产内容。

（4）广告主、买主（手机厂商）：新品发布、品牌推广。

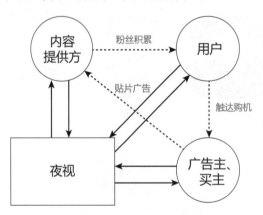

图 1-36　夜视 App 业务逻辑

5."夜视"短视频的难点

对于创业型短视频项目"夜视"来说，难点主要在短视频内容和手机底层库的构建上。

（1）短视频内容：目前大多数手机测评都比较长，且制作精良的不多，代表型专业机构有 Zealer。

（2）手机底层库：主要指手机参数配置这些库。假设场景是用户看到手机视频后，视频下方关联到参数配置等，辅助用户进一步做决策。如果后面要和一键下单环节打通，还涉及电商

SKU（Stock Keeping Unit，库存量单位）库的构建。

1.6.2　项目功能需求

经过前期的初步整理之后，大家得到"夜视"项目第一期的基本功能需求。主要围绕 B 端（生产优质视频内容、C 端）获取相应的视频内容展开，同时，也会增加一些互动的功能需求，如图 1-37 所示。

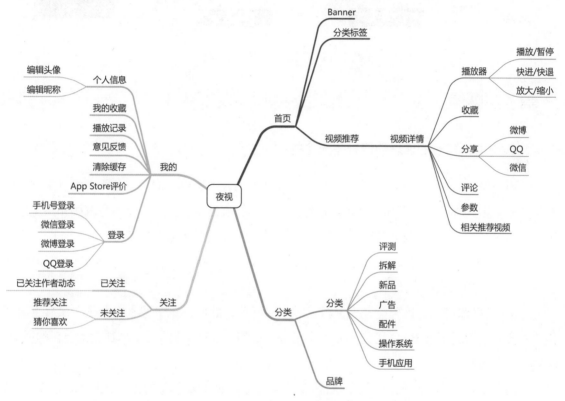

图 1-37　夜视 App 功能需求

1.6.3　项目产品架构

一般而言，梳理出项目的基本功能需求后，就可以着手进行需求设计。然而，对于复杂的项目，用户还可以整理项目的产品架构图，方便了解项目的业务流程、商业模式和设计思路。经过整理后的夜视 App 产品架构如图 1-38 所示。

图 1-38　夜视 App 产品架构图

知识拓展

1. 没有项目背景的需求沟通都是无效的

前面用较长的篇幅深入了解了虚拟项目"夜视"的背景资料，似乎与工具书的设定毫无关系，甚至很多人都会感到困惑：为什么需要如此详尽的项目背景介绍，而不是直接介绍怎样使用 Sketch 开展项目？为了解答这个疑问，下面先来看一个比较有意思的例子。

两个人经过一个美女时，其中一个人说："她好漂亮啊！"这时，另外一个人应该怎么回答？

"是啊，好漂亮！"这可能是大多数人心中的回答，然而，这个回答完全是在没有了解任何背景资料的情况下给出的，可能不是一个正确的回答。在这个例子上，增加背景资料的说明，答案就会显得不一样。

一对夫妇比较恩爱，但是妻子的醋劲有点大。有一天，两个人经过一个美女时，妻子说："她好漂亮啊！"这时，丈夫应该怎么回答？显然，上面那种回答就不太合适了。

从后面的例子可以看出，最佳的解决方案都需要建立在充分了解项目背景的前提下。然而，日常很多产品相关从业人员，在进行需求沟通时，并不懂得阐述项目背景的重要性，仅仅把问题抛给上下游去解决，导致需求沟通效率极其低下。例如，交互设计师仅仅将一个 H5 页面交给视觉设计师，说需要产出视觉稿。视觉设计师要么需要来来回回地沟通 H5 页面需要呈现的视觉效果，要么给出的视觉稿不符合特定活动的氛围，需要返工重做。所以，离开项目背景的需求沟通都是无效的。

那么，在日常的需求沟通中，应该怎样增加项目背景的描述呢？项目背景描述应该包括以下 4 个方面的内容，如图 1-39 所示。

（1）原因：具体描述项目产生的原因，可以是基于用户、业务、产品、运营等方面的原因。例如，运营反馈当前支付页面转化率很低，就是支付页面需要改进的重要原因。

（2）问题：尽量用精练的语言描述产品项目的现状和问题。例如，当前支付页面支付方式很多，用户不知道选择哪一个。

（3）数据：数据比文字更具说服力，若有，则尽量提供数据说明。例如，"支付页面转化率仅为 50%"，远比"支付页面转化率低"更直观也更具说服力。

（4）解决方案：可能性的解决方案，针对问题、现状、数据，给予可能性的解决思路，如精简支付方式等。

图 1-39　项目背景包括的内容

2. 产品架构图的画法

产品架构图是由产品经理给出的一张能让相关利益人员直观了解产品项目商业模式、业务流程和设计思路的图像，它应包括模块层次、功能结构和交互逻辑等内容。下面将以夜视 App 产品架构图（图 1-38）为例，具体学习产品架构图应该如何画。

（1）是否需要产品架构图？对于复杂的产品项目，产品架构图是必需的。如果是简单的项目需求，则不必如此大费周章，把时间浪费在产品架构图上。所以，务必在开始画产品架构图之前就思考这个问题。类似夜视这样的整个 App 项目，强烈推荐在产品早期就把产品架构图描绘出来。

（2）抓住核心需求，明确产品方向。只有明确了方向，通往目标的路才不会出现偏移，这是画产品架构图首先需要做的事。从用户、业务的核心需求出发，明确产品方向——成为手机选购、手机品牌展示的权威短视频第一站。与此同时，需要思考更多与产品方向相关的问题。

● 当前的需求是否属于伪需求？

● 应该选择哪个产品方向解决用户的痛点？

● 选择这个方向，将面临什么样的对手？

- 自身产品的核心竞争力在哪里？
- 产品的商业模式是否清晰？
- 当前的项目资源能否支撑到产品在未来实现盈利？

（3）梳理功能结构，构建核心流程。在产品方向的指引下，把产品涉及普通用户、内容生产者、广告主等利益相关者的核心功能流程都梳理出来，如图 1-40 所示。需要注意的是，使用粗略的方式表达核心功能流程即可，不要陷入绘制精细功能流程图的陷阱中。

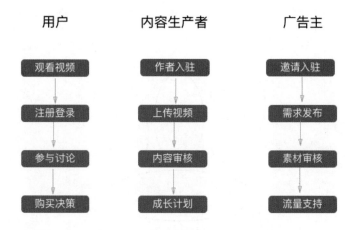

图 1-40　产品架构图核心功能流程

（4）补充支撑性功能，按照层次进行区分。除核心功能流程外，还需要补充产品的支撑性功能，一般包括智能服务、运营分析、周边传播等功能，丰富整个产品层次。并且，按照功能的层次进行严格的区分，区分完成后，用户可以把不同的功能组通过不同的命名和底色区分开来，如图 1-41 所示。

注意，每一个功能组中包括的子功能，应该按照核心流程的顺序组织好。

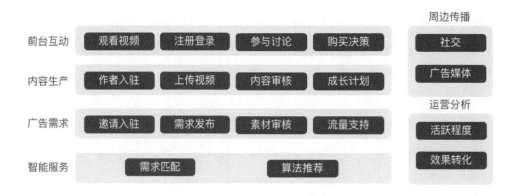

图 1-41　产品架构图支撑性功能

（5）完善产品流转关系。只有功能层次区分，不足以传达产品架构图各模块之间的关系，所以，还需要用流程箭头完善各模块的流转关系，也可以看作描述整个产品的流程，如图 1-42 所示。至此，一个完整的产品架构图诞生了。

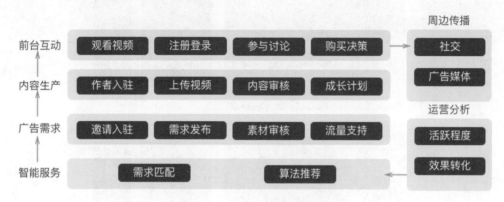

图 1-42　完善产品流转关系

3. 扁平化设计的利器

作为一名交互设计师或视觉设计师，或多或少会听说过 Sketch 这款强大的矢量软件。虽然其仅限于在 Mac 平台使用，但并不阻碍它受到众多爱好者的青睐。因为在扁平化设计的流行趋势下，它能胜任绝大部分的产品设计工作。如图 1-43 所示，Sketch 官方网站就是使用 Sketch 设计的产物，它不仅能制作出惊艳的钻石图标，还可以胜任填充漂亮的渐变色效果工作，更不用说 Web 网站或 App 中大量"上色"的线框图。

图 1-43　Sketch 能胜任绝大部分扁平化设计工作

如果你是一名 Photoshop、Axure 的使用者，不妨尝试一下这款新的设计工具，它会给你带来惊喜；如果你还没有一款称手的交互设计或视觉设计工具，不妨从零开始学习 Sketch，它真的非常简单，只需要短时间的学习就能用它制作出漂亮的页面效果图，如图 1-44 所示。

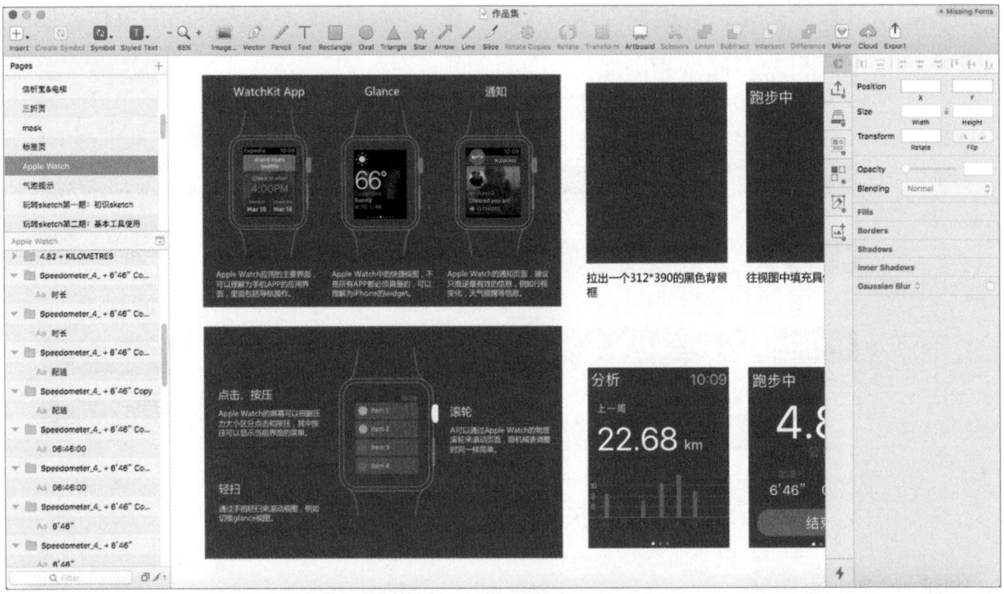

图 1-44　页面效果图

　　快速利用工具搭建原型是实践证明了的可以降低沟通成本、开发前试错的办法，很多人心里接受的概念就是"×× 只是一个工具而已，而交互设计不是用工具画原型"。然后绕过了工具的学习，直接进入"更高层次"的学习，画的原型始终一团糟。殊不知，称手的工具不仅能让自己的创意完整表达出来，而且能大大提高工作效率。

　　当然，仅仅掌握一款交互、视觉设计工具，并不能让一个人成为真正的交互设计师或视觉设计师，正如学会 Word 的使用不能将一个人变成作家一样。所以，在软件工具学习的过程中，还应该包括具体的项目应用实践，帮助自己快速把工具应用到项目中去。

 动脑思考

　　1. 和传统原型设计工具 Axure 相比，Sketch 的优缺点在哪里？

　　2. 和传统视觉设计工具 Photoshop 相比，两者有什么不同？

　　3. 为什么 Sketch 会受到许多知名企业的青睐？

 动手操作

　　1. 使用 Sketch 创作一个内容，并保存。

　　2. 试图绘制一个自己熟悉的产品架构图。

第2章　快速入门

交互设计不是原型设计，交互设计师也不是所谓的"线框仔"。交互设计师是区别于产品经理、视觉设计师，并承担交互设计和用户体验功能的职位。本章将为大家揭开交互设计的神秘面纱。

交互设计师使用 Sketch 就是为了更好地完成产品项目的交互设计工作。交互设计的工具有很多种，Sketch 是值得交互设计师尝试的一款工具，它在某些方面的表现能给大家带来惊喜。利用 Sketch 能产出原型、交互说明、视觉规范等交互输出物。

学习 Sketch 首先从学习工具使用开始。本章将结合具体的案例学习 Sketch 直线、钢笔、矩形等基本工具的使用，并进一步学习高级工具和其他工具的使用。

此外，本章也将熟悉部分设计规范，并建议大家掌握至少一种交互设计方法，为交互设计方案提供理论支持，并且能够坦然面对上下游合作伙伴的质疑。

"夜雨，那我们什么时候正式开始项目呢？"

"萌萌，在项目正式开始之前，我们还需要打好基础……"

2.1　交互设计入门

如果说学习 Sketch 的最终目的是将产品或项目服务做得更好，那么，作为一名交互设计师，使用 Sketch 完成项目的交互设计工作则是服务的主要方式。如果大家对交互设计、交互设计师都没有概念，不妨先补充学习一下这方面的知识。

2.1.1　认识交互设计

1. 交互设计定义

这里比较倾向于优设网的回答："你来我往"谓之"交互"。这里的"你来"指的是"输入"（input），"我往"是"反馈"（feedback）或"输出"(output)。交互可能存在于人与人之间，也可能存在于人与物之间。

图 2-1　微信抢红包界面

2. 交互设计和视觉设计的区别

交互设计倾向于用户目标的实现，让任务行为变得更简单；视觉设计倾向于美化和外显表达，让产品变得更好看，两者的侧重点不同。

如图 2-1 所示，微信抢红包页面，交互设计让用户更容易达成"抢红包的目标"，只需点击"拆红包"按钮即可以抢红包，点击后有反馈（要么抢到红包，显示抢到多少金额，其他人抢到多少金额；要么抢不到红包，手慢了，抢光了）。视觉设计则让界面看起来像真实的红包，中间的黄色按钮更明显，提示可以点击。

3. 交互设计的三要素

交互设计的三要素是目标、任务、行为。所有的交互设计都是围绕完成用户的目标进行服务的，不能顺利完成用户目标的交互，都是没有意义的。

怎样理解这三要素的区别？

举个例子：小明饿了，需要填饱肚子（目标），他跑到楼下的餐馆进行点餐、吃饭、结账（任务），吃完后推门（行为）出去，然后过马路回家。

2.1.2 认识交互设计师

1. 交互设计师的定义

交互指的是产品与它的使用者之间的互动过程，而交互设计师则是秉承以用户为中心的设计理念，以用户体验度为原则，对交互过程进行研究并展开设计的工作人员。

2. 交互设计师与产品经理、视觉设计师的区别和联系

一般的公司很少设置交互设计师这个职位，交互设计的功能一般由产品经理或视觉设计师兼任，所以很多人认为，产品经理能做交互设计师的工作，但是产品经理的工作交互设计师做不了。这种理解是带有偏见的，不能把交互设计师错误地理解为只是画流程图或原型图的职位。

他们三者的职位有本质的区别，产品经理更关注产品的业务方向、产品规划、生命周期等大方向，交互设计师更着重于让用户使用产品时更好地完成目标任务，并且在过程中得到情感上的满足，而视觉设计师更关注产品的外在表达。交互设计师在产品团队中处于中游的位置，上游为产品经理，下游需要对接视觉设计师，所以大家之间的理解和沟通十分重要。

3. 交互设计师的职业发展路径

首先，任何职位都有能力高低的区分，因能力水平不同，职位等级也就有所不同，按照这个分级标准，交互设计师可以简单地划分为以下 4 个等级。

（1）初级交互设计师：俗称"线框仔"，刚入门的交互设计新人，一般是给产品经理配备的"原型设计师"，承担着大部分原型设计工作。

（2）中级交互设计师：有一定项目经验的交互设计师或知名院校的应届毕业生，能参与一部分产品层面的工作，可以提出自己的想法和建议。

（3）高级交互设计师：一般工作经验 3 年以上，参与过完整的设计项目迭代，有成熟的交互设计方法论，承担的职能和产品经理较为接近，有设计决策权。

（4）资深交互设计师：至少工作 5 年以上，有丰富的成功设计案例，大多供职于知名企业，通常头衔为设计总监。

上面的发展路径属于职业的纵向发展，当然交互设计师也可以横向发展。例如，交互设计师转为产品经理，但产品经理同样有高低能力差异，并不代表高级交互设计师转为产品经理后就是高级产品经理。在当前产品职位入门门槛越来越低、能力细分要求越来越高的情况下，建议交互设计师选择纵向的发展方向，并且深耕一个行业领域。

2.1.3 交互设计师需要具备的素质

交互设计师需要具备哪些素质？这是一个交互设计师面试的必考题，它能反映大家对交互设计师职位的理解，并且能检测自己是否适合成为一名交互设计师。其实，这些素质都是可以通过后天训练而成的，如果想要成为一名交互设计师，可以从以下几方面进行刻意训练。

1. 全局观

交互设计师需要全程参与产品的讨论，与产品团队的人员达成共识，要让自己的交互设计水平得到所有人的认可；另外，需要对产品的全局了如指掌，如产品的现状特性、产品的目标及产品的设计流程等。

2. 关键思考能力

看过 NBA（National Basketball Association，美国男子职业篮球联赛）的人都应该知道，关键球都是掌握在关键先生手里的，同样，产品的具象化也掌握在交互设计师手里。交互设计师作为中游职位，不仅要面临来自上游产品经理的挑战，还要面临下游视觉设计师、开发人员的挑战。所以，关键思考能力就变得尤为重要。

关键思考能力体现在两个方面。一方面是设计的产品经过深入的思考，并且能经得起考验，要深入业务逻辑和商业价值中进行思考，而不是停留在产品功能设计表面。同时，在用户体验和开发成本之间达到一种平衡，这样才能在设计评审上坚定自己的立场。另一方面，作为"设计师"，永远别想着一套方案就可以解决所有的问题，要有备选方案为关键时刻做准备，正如 NBA 关键先生被防死后，还有 Plan B（B 计划）。

3. 细节

在 2016 年和 2017 年的交互设计趋势中都有提及，交互会更比拼细节，设计稿不能马虎了事。一个流程细节，一个字段，甚至是像素上的差异，都有可能造成严重的后果。注重细节习惯的养成，交互设计师才能对产品负责，对其他同事负责，对用户负责。

4. 审美能力

相当一部分交互设计师在画原型的时候，为了追求速度，都会东拼西凑地组成一个原型，导致视觉设计师或开发的同事都很难看懂原型，更不用说需要模拟出真实的产品是什么样子。所以，交互设计师还必须懂得审美，在页面具体化的时候就知道最后的页面大概是什么样子。否则，视觉设计师重新把设计稿改一遍，改成最终产品上线时的样子，那交互设计师画原型还有什么意义？

另外一点，拥有审美能力的交互设计师，他的流程图、原型、交互说明文档等交互设计输出物，必然是赏心悦目的，从外观看起来就是高水平的作品，能给团队其他同事一种更好的阅读感受，大大提高工作效率。

5. 同理心

所谓同理心，大家知道的更多的是产品经理要有同理心，要站在用户的角度去思考问题，这个产品的需求是否满足用户的需求？用户用得满不满意？同样，交互设计师也需要有同理心，明确用户的目标是什么，让用户使用产品的时候不要做多余的操作，更好地完成目标。

对于交互设计师来说，同理心不仅针对用户，也针对所在产品团队。一个交互设计的产出，都有视觉设计师或开发团队工作量在里面。所以，从交互设计的岗位来看，要懂得换位思考，珍惜开发工程师和视觉设计师的劳动成果，不做高成本低产出的需求，懂得拒绝业务方不合理的要求。

6. 创新能力

资深交互设计师和普通设计师之间的差异在于创新能力的差异，资深交互设计师总能在设计中找到可以创新的点，把它改进，并能大大提高产品的受欢迎程度（转化率、留存率）。不要临摹别人的产品，只要时刻保持创新的精神，就可以做得更好。

7. 逻辑思考能力

把逻辑思考能力放到最后来讲，并非意味着它不重要，相反，逻辑思考能力是需要具备的最基本的能力。其实，不只是交互设计师，放在任何一个职位都是一样的。逻辑思考能力强的人，适应一个职位更快，思考得比别人更深远，工作效率比别人更高。

2.1.4　交互设计师的职责

了解交互设计师职责的最快方法是招聘网站，下面先来看看 3 个公司对交互设计师的职责要求。

1. 唯品会（高级 / 资深交互设计师）

（1）负责唯品会移动端及相关延伸产品的交互设计，参与产品的整体设计规划。

（2）分析业务需求，执行具体的交互设计，并推进设计落地与验证。

（3）对现有产品进行可用性测试和评估，提出改进方案，持续优化产品的用户体验。

2. 阿里巴巴（高级交互设计师）

（1）负责国际应用发行产品的功能需求优化、产品流程梳理、交互设计等工作。

（2）与产品、运营团队合作，分析业务需求，归纳及设计产品交互页面，优化用户体验流程。

3. 网易（高级交互设计师）

（1）参与公司的邮箱系统或相关产品的规划构思和创意过程。

（2）与产品人员沟通，分析业务需求并加以分解，归纳产品人机交互界面需求。

（3）设计产品人机交互界面结构、用户操作流程等。

（4）与视觉设计师密切配合，产生美观易理解的界面。

（5）跟踪产品开发流程并推动落实，制定并输出相关设计规范。

（6）优化产品可用性，不断地改善用户体验。

（7）宣传和推广"以用户为中心"的设计理念。

（8）参与部门内外的用户体验概念和流程的普及工作。

所以，交互设计师的职责要求基本上大同小异，具体有以下几方面。

（1）参与产品的整体设计规划，输出交互设计产出物，推动产品的落地实现。

（2）对产品进行持续性的设计优化，输出相关设计规范，提升用户体验。

（3）协调和推动"以用户为中心"的设计理念，在公司范围普及用户体验概念和流程。

（4）负责设计前瞻性的研究工作。

所以，不要以为交互设计师只是画原型的"线框仔"了，如果想要成为交互设计师，就要明确交互设计师的职责所在。

2.1.5　交互设计师的专业背景要求

虽然说人人都能成为交互设计师，但是专业科班出身的人，无疑是企业最先青睐的对象。以下这些专业是最贴合的。

（1）交互设计。

（2）艺术设计。

（3）工业设计。

（4）心理学。

2.1.6　交互设计师需要的知识体系

交互设计师需要懂得以下 6 个方面的知识体系。

1. 商业（帮助寻找切入角度和决策）

所有设计都是为商业服务的，不能产生利润的设计都是毫无意义的，即使是早年鼓吹"免费"的 360 卫士，同样也反思免费的模式已经走不通了。互联网的发展趋势、产品的商业模式、所在行业的专业知识、当前的政策背景、新技术的发展趋势，这些都是需要首先了解的，这样才能设计出有价值的好产品。

2. 思辨（提高逻辑分析能力和解读视角）

如果读过《交互设计沉思录》一书，就应该知道，设计方法无非分为两种：一种是感性设计，设计只是灵光一闪；另一种是理性设计，通过设计方法论或大量用户验证来进行设计。对于大多数交互设计师来说，理性设计应优于感性设计，这就需要交互设计师去训练自己的思辨能力：这个设计好在哪里，不好在哪里？我能做到哪方面的改进？

3. 设计（设计思维和设计表达）

其实就是看设计的专业书，深入学习设计知识，如《用户体验五要素》《交互设计四策略》《交互设计沉思录》《认知与设计》等。

4. 人性（对人性和社会的理解）

如果问中级交互设计师与高级设计师的区别在哪里，那么对人性的理解便是其中的一个重大区别。交互设计基本是以用户为中心的设计，如果对人性的了解更深入，设计水平同样会突飞猛进。

看看这些经典的心理学书籍吧：《心理学与生活》告诉我们人的知觉组织是如何对分组起作用的——格式塔原理；《社会心理学》告诉我们好评如何影响人的购买行为——从众心理；《设计师要懂心理学》则告诉我们用户认知会比视觉耗费更多的脑力资源——人如何思考。

5. 艺术（提高审美能力）

提高审美能力就不用多说了，可以大致去学习一下视觉设计的知识，如最基本的栅格理论、色彩原理（色调、饱和度和明度）；同时，可以关注一下时尚杂志、家具设计等，能显著提高自己的审美能力。另外，每个设计师最好都规划好自己的作品集，把作品集做得漂亮也是一种审美的提高过程。

6. 技能（创新工具的使用）

很多入门的新人应该都会听过一句话：Axure 只是最基本的工具，交互设计并不是 Axure 画原型那么简单。这句话是对的，但同时也是错误的，所谓的错误就是，交互设计师的设计落地都要通过工具来实现，工具就是技能。如同 Photoshop 成为视觉设计师的代名词一样，交互设计师同样也需要有技能傍身——Mindnode Pro、Axure、Visio、Sketch 等。

此外，交互设计师不能满足于用一种工具去表达，这就需要交互设计师挖掘学习更多的技能，如模拟真实的动效，让开发工程师更好理解，让用户用起来更愉悦。

2.1.7　交互设计师常用的工具

1. 思维导图

常见的思维导图工具有 MindNode Pro、Xmind 等，常用思维导图，会让你的设计灵感得到合理的释放，所有的灵感都是一瞬间，可以用手机随时随地记录灵感。

2. 流程图

常用软件有 Visio 或在线的流程图工具 ProcessOn 等。画好流程图，并不比画原型图更容易。对于开发工程师来说，流程图比原型图更重要。

3. 线框图

看个人喜好或团队协作要求，至少要会一种线框图设计工具，建议学习 Axure，对于大多数公司都适用。

4. 交互设计 / 视觉设计 / 界面设计

交互设计师如果本身没有 Photoshop 基础，就不建议学习 Photoshop 进行界面设计。Sketch 入门简单，Symbol 复用、切图简单的特性会让交互设计师青睐有加。唯一的缺点就是，它只能运行在 Mac 上面。

5. 交互说明文档

Word、PPT 甚至 Axure 等说明工具随意选择，但是要注意一点，一定是可以生成目录进行索引的，以及修改、更新方便的。

☆重点 **2.1.8　了解交互设计流程**

在第 1 章介绍项目的时候，已经通过"用户研究"挖掘了用户短视频方面的需求，并结合产品需求、业务目标形成了短视频项目的"设计目标"，同时用"竞品分析"掌握了短视频竞品的一些情况，这些都属于设计流程的一部分。完整的交互设计流程应该是：用户研究→设计目标→竞品分析→框架设计→界面设计→交互细节，如图 2-2 所示。

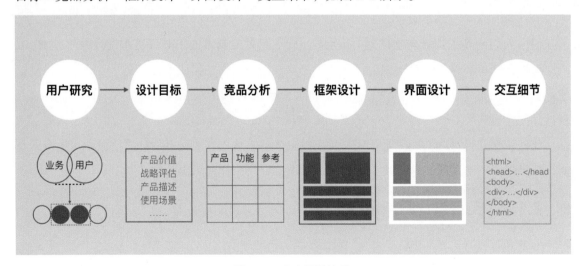

图 2-2　交互设计流程

1. 用户研究

什么是用户研究？用户研究是一种以用户为中心，以成熟用户研究方法为手段，以挖掘用户需求使之和业务需求相匹配为目的的研究方法。

用户研究有两个方面的应用：一方面可用于挖掘新产品的用户需求，帮助交互设计师确定设计目标；另一方面可起到检验已发布产品潜在问题、帮助交互设计师优化用户体验的作用。所以，用户研究和交互设计在实际工作中是紧密相连的。

实地调查、用户访谈、问卷调查、启发性评估等，都属于用户研究方法。根据项目的实际情况，灵活选用其中的方法进行用户研究，就是用户研究员的工作范畴。例如，从长视频中脱离的短视频项目就可以采用问卷调查法，通过设计问卷问题，投放到旗下的长视频产品中，获得有效样本，挖掘用户的实际需求。

2. 设计目标

- 我们的业务诉求是什么？
- 我们的产品方向是什么？
- 用户希望用产品达成什么样的目标？

搞清楚上述 3 个问题，并找到它们之间的平衡点，就能在项目初期形成设计目标，为最终的设计方案服务。设计目标的作用是为项目提供方向指引，把项目带到正确的轨道上来。

"夜视"项目的设计目标是"成为手机权威短视频第一站"。如图 2-3 所示，项目所有的设计方案都是围绕着设计目标来展开的，当然，也可以为项目具体功能设定一个小的设计目标，如"更轻、更顺畅的登录流程"。

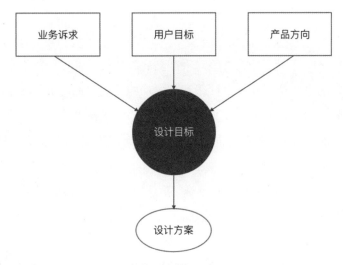

图 2-3　交互设计流程之设计目标

此外，用户和场景也是设计目标确定时的重要参考因素，需要一并考虑在内。

（1）用户。这个需求针对的目标用户群有哪些？了解用户才能更好地对用户想要达成的目标进行分析，一般可以从以下 3 个方面对用户进行了解。

①用户目标：用户希望用产品达成何种目标，如用户能用订餐 App 吃上饭。

②用户特征：包括生理特征（年龄、性别）、社会特征（收入、学历），了解用户的特征可以使产品设计更贴合用户。例如，针对老人的手机，字体会设计得更大，这样方便老人阅读；针对儿童的产品，首先要考虑安全性，锋利、细小的物品是严禁使用的。

③用户权限：常见于后台产品设计，搞清楚用户角色所拥有的不同菜单权限、数据权限。例如，总部人员能看到所有分公司的数据，而分公司人员只能看到所属分公司的数据。

（2）场景。场景的作用是解决什么人在什么情景下会使用到产品或功能的问题，如浏览一个网页，下拉后会出现回到顶部的按钮，这就是一个比较经典的场景。基于场景进行设计，可以从以下 3 个因素进行考虑。

①时间因素：考虑用户在什么时候会使用该产品，是工作的时候、上班的路上、与情人约会的时候、睡觉前、朋友聚会，还是锻炼的时候。例如，微信的勿扰模式开启后，可以指定某时间段内不会收到消息推送。

②地点因素：考虑用户在什么地点会使用该产品，是在家、在学校、在办公室、在公交车上、在地铁里，还是在饭馆里。例如，在户外阳光直射后，手机屏幕会自动调整亮度，以便用户能更好地看清屏幕内容。

③人物因素：考虑使用该产品的人群会有怎样的特征，通过数据的积累勾勒用户的标签，达到千人千面的个性化服务。例如，电商常用的推荐商品模块"猜你喜欢"，都是根据用户的喜好来推荐相应的产品。

3. 竞品分析

所谓竞品分析，是一种用于分析竞争对手产品的方法，一般以分析竞品的功能为主。需要注意的是，竞品分析的主要作用并非是抄袭竞品的功能，表象的功能并不能体现竞品核心价值走向，直接抄袭很容易陷入画虎不成反类犬的尴尬境地。正确的做法是，通过竞品分析掌握竞争对手的用户群体、市场布局、商业方向及已有的成熟功能体系等，提炼自身产品的竞争优势，同时也避免重复造轮子。

典型的短视频应用"开眼"（Eyepetizer），就是通过竞品分析受益的例子，内容主打"精品短视频日报应用"，与"大而全"的综合类应用区分开来，形成自己的特色和竞争优势。

4. 框架设计

做好竞品分析之后，就可以进入框架设计的环节了。正如建房子需要先搭建框架一样，产品的设计同样需要事先搭好框架，搭框架的过程就是所谓的"框架设计"。在框架设计阶段，设计思维可以是发散的，既可以构建故事场景，着手梳理页面、任务流程，也可以草绘页面的大致构造。在第 3 章将会结合 Sketch 的基础运用，详细讲述如何进行框架设计。

5. 界面设计

如果说框架设计是抽象的，那么界面设计就是产品具象化的过程。界面设计时，需要将文字、图标、图像、控件等元素合理摆放，形成一个关联整体，最终得到产品的页面。在使用 Sketch 进行界面原型设计时，还应该注意下面几点。

（1）目标。原型需要达到什么样的目标？怎样验证我们的想法？是，但不够细化。临摹原型？是，学习专用，但缺乏思考。原型设计的目标一定是具体的、细化的并且目标明确的。以夜视项目首页设计为例，首页的设计目的就是满足用户浏览短视频、搜索短视频的需求。

（2）黑白。原型黑白就好，不要埋没了视觉设计师的创意。而且，黑白的原型可以让我们排除颜色的干扰项，专注于核心业务功能的实现。当然，在 Sketch 中，会与视觉设计师紧密合作，最终的原型可以在低、高保真中任意切换。

（3）真实。原型一定要真实反映最终产品的样子，按钮是按钮的形状，而不是五角星；真实的文字内容可能出现换行，而不是设计稿规定的同样的四五个字；用户自发上传的图片可能很丑，达不到设计稿的精美图片要求。

从第 3 章开始，将更深入地了解界面设计的原则及方法。

6. 交互细节

完成界面设计之后，就进入最后的环节——交互细节设计。页面中的链接指向、数据的来源、输入框的校验、转场动画等，这些都属于交互细节的内容。

通常来说，交互细节会在界面设计及编写交互说明时进行补充，必要时，还需要制作交互动效进行演示。在第 6 章将讲述交互说明应该如何编写，在第 7 章将使用 Principle 制作交互动效进行演示。

2.2 明确目标和产出物

了解交互设计过程后，用户还需要明确能利用 Sketch 完成哪些产出物，Sketch 的产出物包括流程图、高低保真原型、视觉规范、交互说明等。

2.2.1 流程图

流程图是流经一个系统的信息流、观点流或部件流的图形代表。简单来说，就是把一个流程用图形化表达出来，方便他人了解。其实流程图就是先完成什么、后完成什么的过程，如坐地铁，需要经历先购票、后进站、再上车的过程，中间可能经历地铁故障等异常。交互输出物中常见的流程图是任务流程图及页面流程图。

1. 任务流程图

任务流程图可以直接展示一个或多个角色从一开始到结束的所有任务流程步骤，以及与各角色之间、各系统之间、各页面之间的关联，如图 2-4 所示。做任务流程图输出物的时候，不仅要交付流程图，还要交付针对流程图的必要说明，如流程说明、图例说明，让阅读对象能"读懂"流程图。Sketch 并非专门的流程图软件，但是在项目前期，可以使用 Sketch 快速绘制项目核心流程。

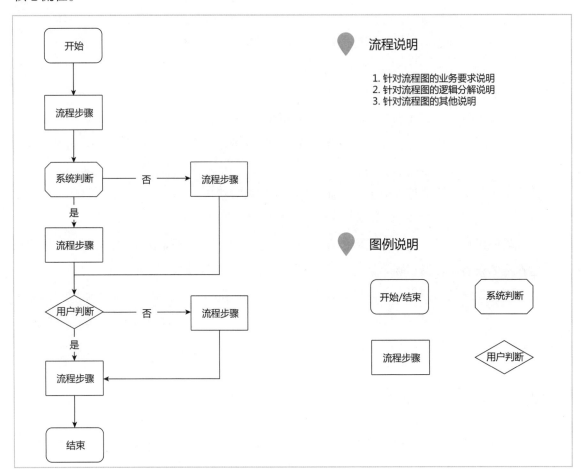

图 2-4   任务流程图

2. 页面流程图

页面流程图可以清晰表达用户在使用产品过程中的页面间上下游关系及跳转页面逻辑，同时也帮助设计师梳理产品整体页面层级，通常作为中大型项目输出物产出。在 Sketch 中，可以通过页面之间的连接线来表达页面的流转关系，如图 2-5 所示。

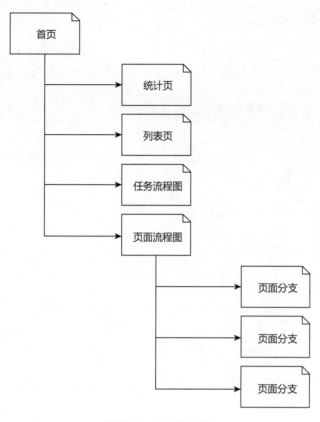

图 2-5　页面流程图

3. 异常流程

异常流程通常是流程图输出物中忽略的一个点，异常流程可以不用画流程图，但是需要注明异常流程的处理方法。针对项目的不同，异常流程也复杂多样，下面是部分举例。

（1）用户网速缓慢、超时，甚至无网状态时，流程上如何引导用户正确返回、自动保存已输入信息或检查网络环境？

（2）服务器无反应时，如何引导用户进行下一步操作？

（3）页面加载为空白内容时，如何引导用户重新尝试或放弃等待？

（4）上传过程中网络中断，是否提示用户检查网络环境，重新进行上传？

2.2.2　低、高保真原型

1. 低保真原型

所谓低保真原型，即线框图是交互设计师的主要交互输出物。如图 2-6 所示，主要以黑白的字体、控件和块填满整个页面，线框图一般不追求华丽的表达，但要满足以下几个要求。

（1）能体现界面的大体结构和布局。

（2）表达内容的模块位置摆放合理。

（3）能展示界面的主要交互元素，如按钮、链接跳转、输入框等元素。

图 2-6　低保真原型页面

2. 高保真原型

相比低保真原型，高保真原型能完整模拟项目上线后的效果。在后续的项目迭代中，利用高保真原型进行沟通能提升开发的效率。那么项目是否需要输出高保真的原型呢？这是在分析项目需求时常见的问题。答案是应该视项目实际需求而定，一般不太建议输出高保真的原型。因为高保真原型制作成本和维护成本都很高，除非制作、维护高保真原型的效率能抵消这种成本。

但在 Sketch 中，合理利用 Symbol 的特性，不仅可以使制作、维护高保真原型花费的时间成本大大降低，也可以同时制作及维护低、高保真两套原型。

2.2.3　交互说明

交互说明又称为交互注释，图例展示和文字注释是主要的手段，交互注释应包括以下几方面的内容。

（1）链接指向：单击 ×× 按钮跳转到哪个页面？是在当前页面、新窗口打开还是以弹框呈现？

（2）内容展示：内容的数据来源、加载方式、字符显示长度等。

（3）内容输入：字符限制、表单的校验规则等。

（4）交互样式：默认状态、悬浮状态、选中状态等。

（5）特殊状态：网络异常状态、空白状态等。

（6）动效说明：界面的转场方式、图标的变化、动画的播放等。

（7）手势说明：轻触、长按、滑动、旋转等手势说明。

（8）提示文案：重要提示、帮助文本说明等。

2.2.4　视觉规范

使用 Sketch 做完一整套的 UI 设计，对整个项目的控件、色值、按钮等元素都比较清楚后，可以把所有的视觉样式进行归纳，形成一份视觉规范，如图 2-7 所示，用于指导后续的设计和迭代开发。在 Sketch 中，只需要维护一份 Symbol 库，即可快速转换为视觉规范文档，如果需要更新视觉规范，只需要更新 Symbol 即可，同时，所有的页面也会同步更新。

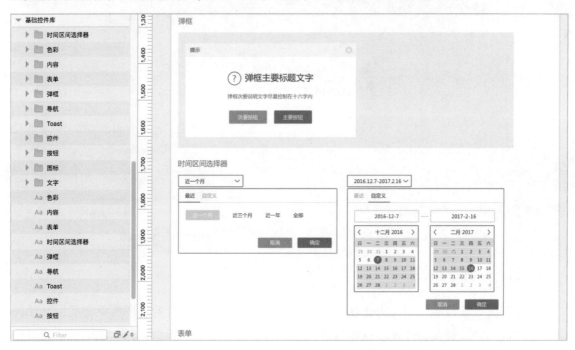

图 2-7　Sketch 制作的视觉规范

2.2.5　视觉标注稿

视觉标注稿是为了能让前端工程师清晰明了地看到所需的视觉信息，从而减少沟通的代价并尽可能还原视觉效果。标注的内容包括但不限于距离、尺寸、颜色值、字体、效果参数等。

2.2.6　规范切图

视觉设计师需要交付"视觉规范""视觉标注"及"规范切图"给前端工程师。一般来说，只需要把 icon（图标）切好交付即可。需要注意的是，移动端的切图需要考虑移动设备的兼容性。以 iOS 为例，对应 iPhone 8 和 iPhone X，需要输出不同尺寸的 icon。如图 2-8 所示，使用 Sketch Measure 插件，可以将视觉标注稿和规范切图合并在一起提交给前端工程师。

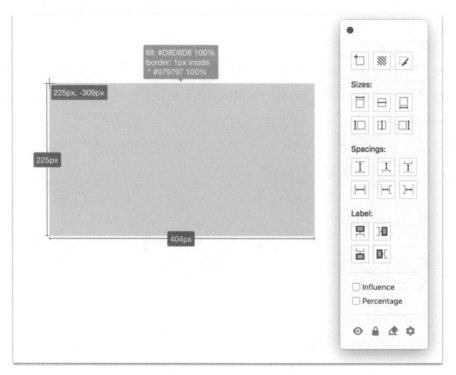

图 2-8　使用 Sketch Measure 完成的视觉标注

2.2.7　动效参数

要想前端工程师实现想要的交互动效，只靠口述和演示是不行的，还需要交互设计师提供动效参数，才能最大程度地还原期望的动效。具体需要输出的内容，详见第 7 章动效设计 Principle。

2.3　学习基本工具使用

在前面的铺垫中，大家对 Sketch 的功能特性、界面和基本操作有了一定的认识，同时也对交互设计的产出物有了一定的了解。从现在开始，需要正式进入 Sketch 上机实操环节。从基本的操作入手，首先学习基本工具的使用，涉及线条、几何、文字工具 3 个类别。

☆重点 2.3.1 线条工具

为了方便大家系统学习，这里先把 Sketch 中的直线、矢量、铅笔都归在线条工具中，再逐一讲解。线条在生活中随处可见，在交互设计中同样使用频繁，如分割线、形状勾勒等。图 2-9 所示为使用线条工具绘制的人物图。

图 2-9　使用线条工具绘制的人物图

1. 直线工具

直线是交互设计中比较常见的工具，可以利用直线来做分割线或标注等。在 Sketch 中，可以通过 "Line" 或 "Insert" → "Shape" → "Line" 命令（按 "L" 键）快速勾勒出一条直线，如图 2-10 所示。

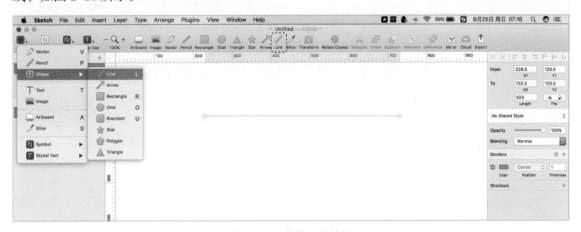

图 2-10　直线工具使用

然后，再通过调整检查器的 "Thickness" 功能调整直线的粗细。如图 2-11 所示，"Thickness" 的数值越大，线条越粗。

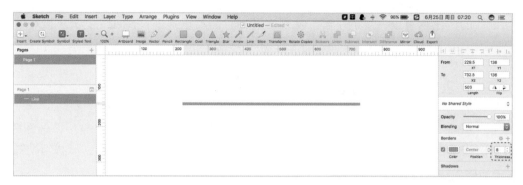

图 2-11　调整直线的粗细

　　假如，这时需要一条虚线，则在直线的基础上点击"Borders"选项区域的设置图标，在弹出的面板中，改变第二个"Gab"数值即可得到一条虚线，如图 2-12 所示。由于直线是由无数个点组成的，可以理解为"Gab"是控制点和点距离的远近，而"Dash"则是控制点的大小，通过调整"Gab"和"Dash"的数值可以得到各种各样的虚线效果。

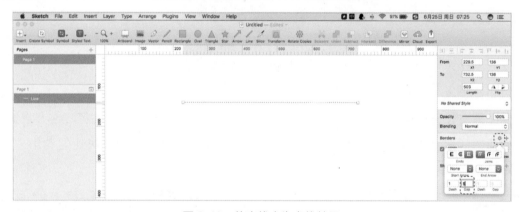

图 2-12　将直线变为虚线效果

　　通常，在做标记说明的时候，需要一个箭头来指示方向，同样在"Borders"选项区域的设置面板中选择"Start Arrow"或"End Arrow"的端点形状为箭头即可，如图 2-13 所示。

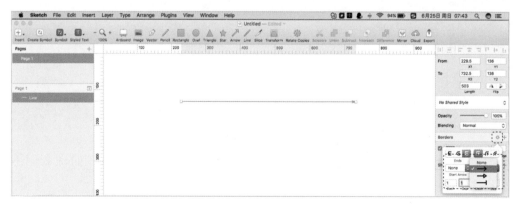

图 2-13　为直线添加端点

有时候，需要一条弯曲的线条而不是直线，双击直线进入编辑模式，在直线的任意位置（如中间）单击添加一个点，再拖动点的位置即可，如图 2-14 所示。还可以利用检查器的贝塞尔曲线来设置直线的弯曲效果，分别是 Straight（直角）、Mirrored（镜像）、Disconnected（断开连接）和 Asymmetric（不对称）。

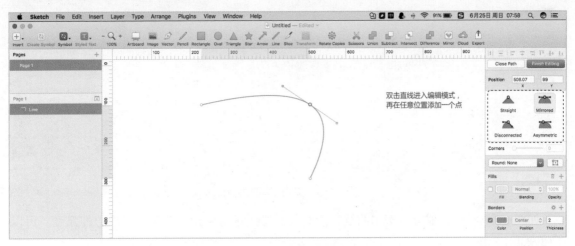

图 2-14　将直线变为曲线效果

综上所述，直线工具的使用方法有粗细、虚线、箭头、弯曲，如图 2-15 所示。

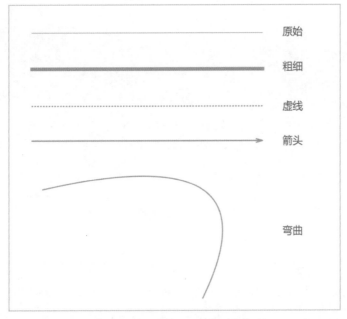

图 2-15　直线的各种使用方法

2. 矢量工具

在直线工具中，利用贝塞尔曲线可以很容易地将直线转换为曲线，但如果描绘曲线，使用矢量工具更方便。如图 2-16 所示，可以通过"Vector"或"Insert"→"Vector"命令（按"V"键）使用矢量工具插入连贯的曲线。

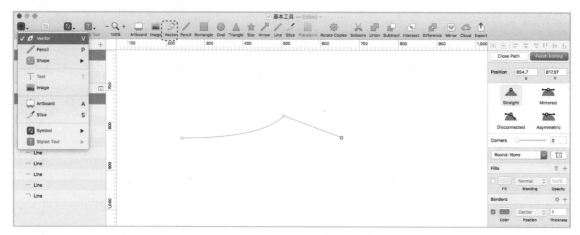

图 2-16　矢量工具的使用

如图 2-17 所示，配合贝塞尔曲线，能对矢量绘线进行修正，使其达到理想的弧度。可以应用在曲线画图上，如折线图。

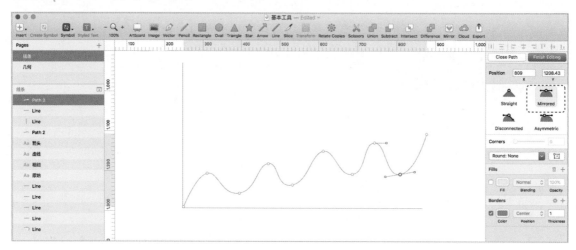

图 2-17　矢量工具的弧度修正

3. 铅笔工具

铅笔工具在交互设计中应用得比较少，它的特点是能绘制无规则的图形，如制作独特的签名。如图 2-18 所示，可以通过"Pencil"或"Insert"→"Pencil"命令（按"P"键）使用铅笔工具。

图 2-18　铅笔工具的使用

　　这里给大家介绍一个铅笔工具的高级应用，结合铅笔工具的自由性和上文提及的虚线技巧，可以利用铅笔绘制散点图。具体操作步骤如下。

　　首先，使用铅笔工具乱画一通，有多乱画多乱，如图 2-19 所示。

图 2-19　铅笔工具涂画效果

　　然后，设置铅笔工具的线条为虚线效果，即可得到散点图，如图 2-20 所示。

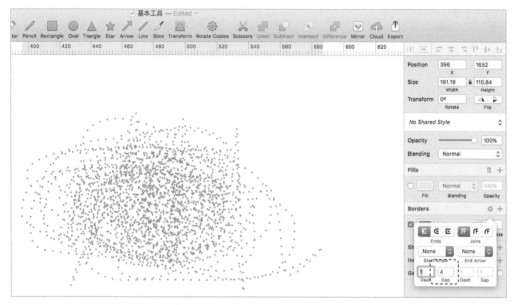

图 2-20   设置铅笔工具的虚线效果

☆重点 2.3.2   几何工具

格式塔原理说明，简单的整体更容易被人脑所理解。所以，在交互设计当中，圆形、矩形及其他几何图形出现的频率是最高的，如图 2-21 所示。

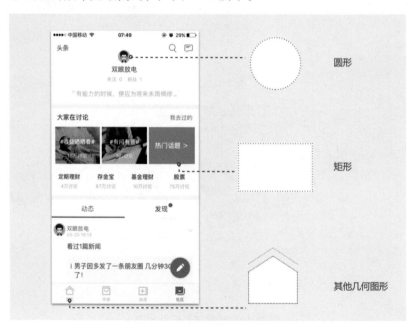

图 2-21   应用中常见的几何形状

1. 圆形工具

在第 1 章中使用圆形工具创作了第一个作品，现在来重温一下吧。通过工具栏的椭圆工具 "Oval" 插入，或通过 "Insert" → "Shape" → "Oval" 命令（按 "O" 键）即可插入一个圆形，如图 2-22 所示。

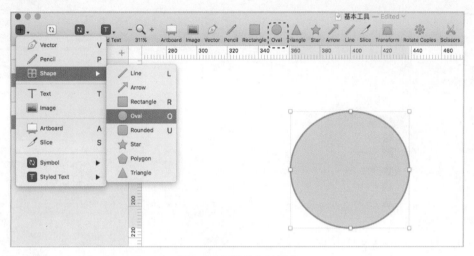

图 2-22　圆形工具插入

圆形通常应用于圆环图、圆形 icon、圆形头像（圆形头像制作会在第 4 章图像处理中进行详细讲解）等制作。如图 2-23 所示，取消填充，改变边框的大小即可快速得到一个圆环图。另外，可以通过调节 "Position" 选项中的 "Center" "Inside" "Outside" 来调整边框所在的位置。

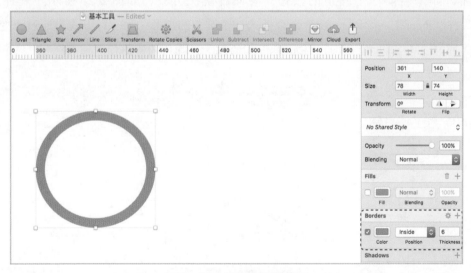

图 2-23　圆形的边框设置

2. 矩形工具

矩形工具是应用十分频繁的工具之一，常见的卡片、按钮、输入框等都属于矩形。可以通过工具栏的矩形工具"Rectangle"插入一个矩形，或通过"Insert"→"Shape"→"Rectangle"命令（按"R"键）插入，如图 2-24 所示。

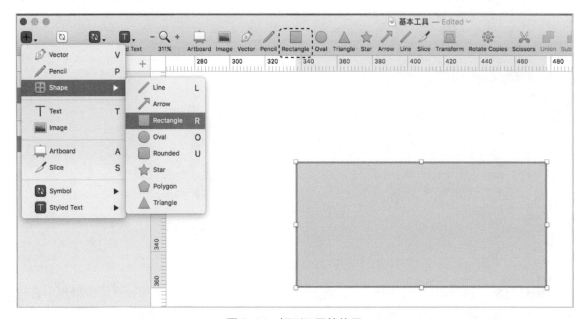

图 2-24　矩形工具的使用

通常，如果需要一个圆角的按钮，有两种解决方案，如图 2-25 所示。一种是通过"Insert"→"Shape"→"Rounded"命令插入一个圆角的矩形；另一种方式是通过改变检查器"Radius"的值来获得圆角，并且"Radius"的值越大，圆角的弯曲程度越高。

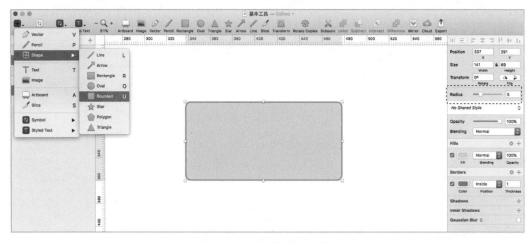

图 2-25　矩形的圆角设置

3. 其他形状

其他形状，如三角形、星形、多边形等，都可以通过"Insert"→"Shape"命令插入，如图 2-26 所示。这些形状日常用到的地方不多，一般视需求而定。

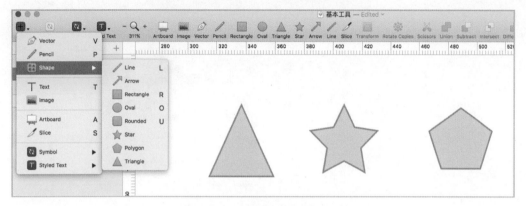

图 2-26 其他形状工具的使用

Sketch 默认插入的多边形是 5 个边的多边形，如果需要更多的边，则在检查器中设置"Sides"（边）的值即可。例如，创建一个六边形，则设置"Sides"值为 6，如图 2-27 所示。

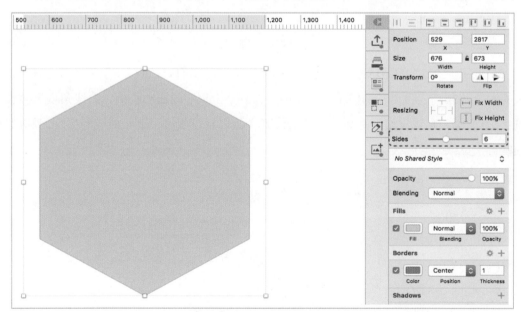

图 2-27 多边形的调整方法

4. 编辑形状

（1）利用"Delete"键删除编辑点达到改变形状的目的。在 Sketch 中，双击图形即可进入编辑状态，可在任意线段上添加编辑点来编辑图形，除了拖动这些点改变形状外，还可以通过删除这些编辑点来实现。如图 2-28 所示，一个长方形通过在 A、B 位置添加编辑点，以及按

"Delete"键删除 C 点后，得到缺边的形状。

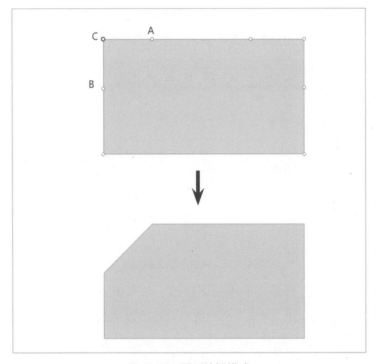

图 2-28　图形编辑模式

（2）运用"Shift"键编辑图形。进入图形编辑状态后，可以通过控制手柄调节曲线的弧度，这里有一个小技巧，可以在调整手柄长度时，按住"Shift"键拖动手柄，曲线角度不会偏移，如图 2-29 所示。对视觉设计有深入兴趣的读者，可以自行了解贝塞尔曲线的原理，利用贝塞尔曲线画出更漂亮的形状。

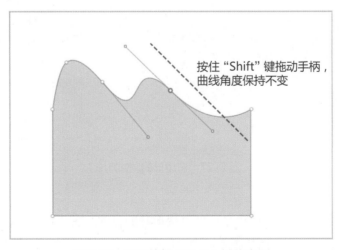

图 2-29　图形编辑"Shift"键的应用

（3）开放路径和封闭路径。当进入编辑状态后，在检查器中可以选择"Open Path"（开放路径）或"Close Path"（封闭路径）按钮，"Close Path"（封闭路径）的作用是自动连接起点和终点，形成封闭的路径，如图 2-30 所示。当图形需要自动补全时，这个技巧很方便。

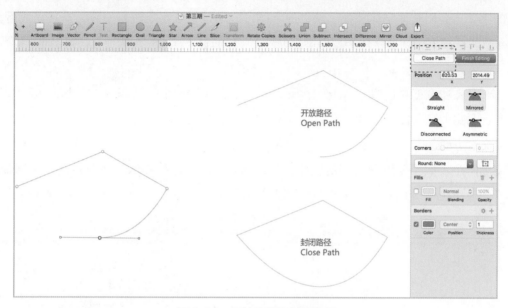

图 2-30　开放路径和封闭路径

☆重点 2.3.3　文字工具

文字工具绝对是交互设计中使用最多的工具，没有之一。人类在漫长的历史进化之中都离不开文字，一些出彩的设计，都需要考虑文字的设计。通过工具栏的文字工具"Text"，或通过"Insert"→"Text"命令（按"T"键）即可插入文字，如图 2-31 所示。

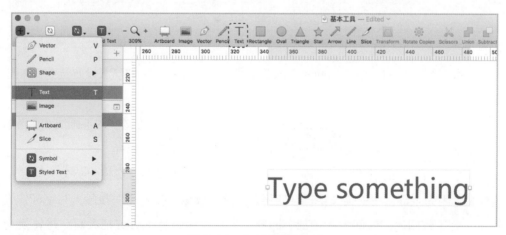

图 2-31　文字工具的使用

1. 文字工具的基本设置

文字工具的基本设置如图 2-32 所示。

（1）文字类型。Sketch 中自带常用的字体库，打开其他 Sketch 文件时，如果找不到该种类型的字体，会用其他字体替换；缺失的字体可以通过系统字典进行安装，安装完成后，在"Typeface"选项框中切换字体类型即可。另外，可以通过"Weight"选项框切换字重，即普通、加粗、细体等。

（2）对齐和宽度自适应。Sketch 中提供 4 种常见的文字对齐方式——左对齐、居中对齐、右对齐、两端对齐，通过检查器的"Alignment"选择即可。其中"Width"选择"Auto"和"Fixed"都会使文本边框适应文字内容。

（3）间距。如果要设置文字的间距，可以通过"Spacing"参数框进行设置，"Character""Line""Paragrah"分别对应字间距、行间距及段落间距。

图 2-32　文字工具的基本设置

2. 文字工具的高级设置

点击字重"Weight"下方的"Options"按钮，即可看到针对文字的高级设置选项，如图 2-33 所示。

（1）下画线和删除样式。在"Decoration"选项区域中可以设置文字的下画线和删除样式。

（2）段落符号。段落符号可以在"List Type"选项区域中进行选择。

（3）大小写切换。通过"Text Transform"功能可以把英文小写切换为英文大写，虽然不建议这样做，因为全部大写的英文字母会变得让人难以阅读，用户平时接触大写字母作为单词组的较少，会导致阅读的时间大大增加。同样，也可以通过这个方式把大写字母转换为小写字母。

图 2-33 文字工具的高级设置

3. 文字转换为图形

有时候，用户可能会设计一款字体，或针对字体做微小的改动，以期达到想要的广告效果，使用 Sketch 的文字转换为图形的功能，将会使此变得十分方便。具体做法是，右击文字，在弹出的菜单中选择"Convert to Outlines"命令，即可把文字转换为图形，如图 2-34 所示。

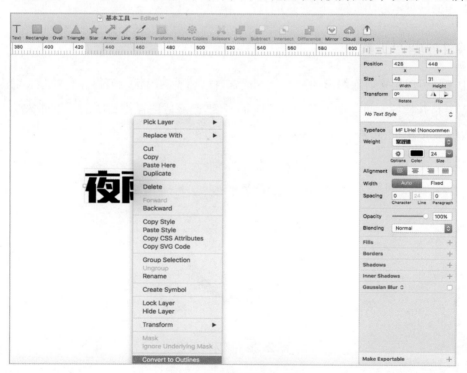

图 2-34 文字转换为图形

　　文字转换为图形后，双击文字图形进入编辑状态，即可像图形一样编辑文字的形状，包括改变文字形状、大小和色彩等，如图 2-35 所示。

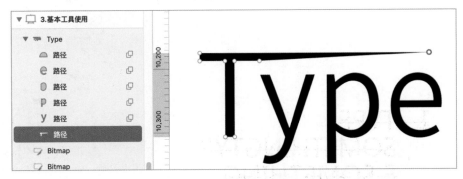

图 2-35　编辑文字图形

2.4　学习高级工具使用

　　通过前面的学习，大家对线条、几何、文字工具这 3 个基本工具有了一定的了解，也用基本工具描绘了一些基本的图形，下面将涉及一些高级工具的使用，介绍如何利用剪刀工具、变形工具对图形做进一步的处理。

2.4.1　剪刀工具

　　剪刀工具可以用来剪除图形的一部分，达到自己想要的形状。值得注意的是，剪刀工具剪断后，路径是开放的，而前文提及的按"Delete"键删除后路径是封闭的。下面来学习如何利用剪刀工具实现图 2-36 所示的圆环效果。

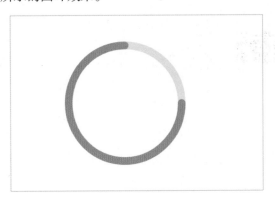

图 2-36　圆环效果图

首先，使用圆形工具画出一个圆形，取消颜色填充，并适当调整边框大小，得到一个圆环图，如图 2-37 所示。

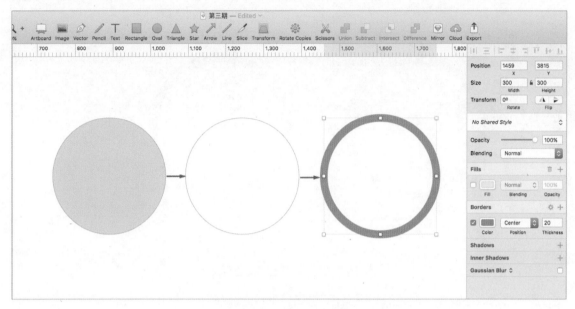

图 2-37　插入一个圆环

其次，复制一个一模一样的圆环备用，点击其中一个圆环图进入编辑模式，在适当的位置添加编辑点，如图 2-38 所示。

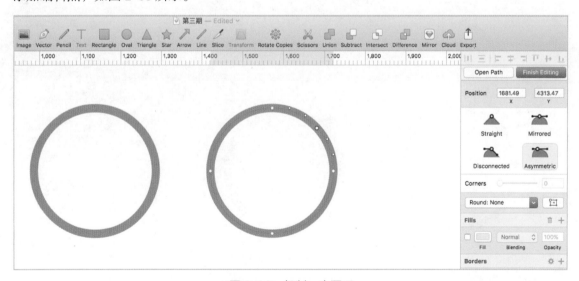

图 2-38　复制一个圆环

再次，在编辑状态下，单击快捷工具栏的"Scissors"剪刀工具，剪除编辑点到编辑点之间的一段圆环（剪刀工具移动到图形上方时，可剪除的路径会变成虚线状态），如图 2-39 所示。

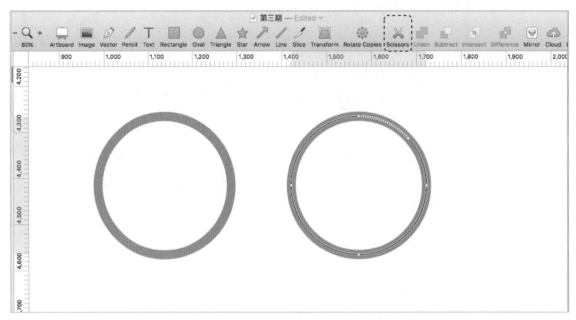

图 2-39 剪刀工具的使用

剪除之后，还需要"润色"一下路径，即把剪断处变成圆头，打开"Borders"的设置面板，在"Ends"和"Joins"中各自选择中间的形状即可，如图 2-40 所示。

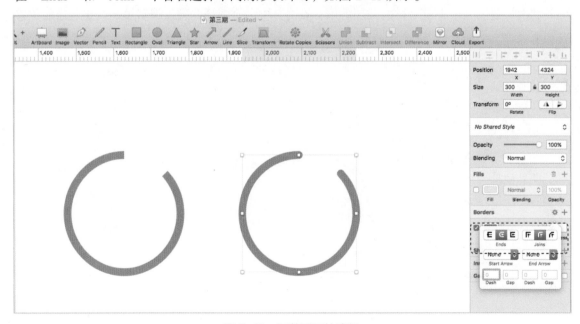

图 2-40 调整圆环的路径

最后，调整一下重复复制的圆环颜色（可以设置颜色的透明度为 40%），再将两者叠加（剪掉的放在上方）即可，如图 2-41 所示。

图 2-41　把圆环组合起来

2.4.2　变形工具

顾名思义，变形工具就是可以将图像进行变形，以适应不同的形状设计要求。例如，手机的一些概念照片设计，其应用效果如图 2-42 所示。

图 2-42　变形工具应用效果图

使用的方法也比较简单，选中图像，然后单击快捷工具栏的"Transform"变形工具，这时，图像上方会出现变形点，即代表已经进入变形编辑模式，如图 2-43 所示。

图 2-43   变形工具的使用

拖动变形点即可改变图形的形状，达到想要的效果，如图 2-44 所示。

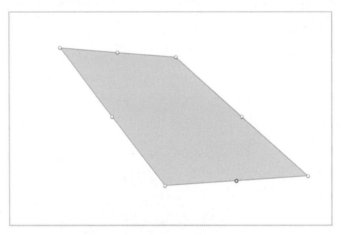

图 2-44   变形拉伸

2.5   学习其他工具使用

在上面的章节中列举了较为常用的工具的使用方法，下面将逐一简单介绍工具栏的其他工具的使用方法。

2.5.1　插入类工具

在默认工具栏中，第 1 行和第 2 行工具都是用来添加新图层的，包括各类图形、图像、符号等，如图 2-45 所示。它们被称为插入类工具，用起来比较简单。

图 2-45　插入类工具一览

（1）Insert（插入）：插入类工具的合集，通过该工具可以插入形状、矢量、文字、等工具。

（2）Vector（矢量）：详见 2.3 节中介绍的矢量工具的使用。

（3）Pencil（铅笔）：详见 2.3 节中铅笔工具的使用。

（4）Text（文本）：详见 2.3 节中文字工具的使用。

（5）Image（图像）：使用该工具，可以插入一个本地的图像。

（6）Slice（切刀）：可以用该工具导出想要的图层区域，也可以称为切图工具。

（7）Artboard（画板）：可以在画布中插入画板，指定创作区域。

（8）Line（直线）：插入一条直线。

（9）Arrow（箭头）：插入一个箭头。

（10）Shape（形状）：直线、箭头、圆形等工具的集合包。

（11）Rectangle（矩形）：插入一个矩形。

（12）Rounded（圆角矩形）：插入一个圆角矩形。

（13）Oval（椭圆）：插入一个椭圆。

（14）Triangle（三角形）：插入一个三角形。

（15）Polygon（多边形）：插入一个多边形。

（16）Star（星形）：插入一个星形。

（17）Symbol（组件）：插入一个组件，组件的具体用法见第 4 章高级运用。

（18）Styled Text（样式库）：插入一个样式，样式的具体用法见第 4 章高级运用。

2.5.2　组织类工具

组织类工具的使用同样比较简单，也是使用较为频繁的功能，如图 2-46 所示，但一般不建议添加在工具栏中，直接使用快捷键即可。

图 2-46　组织类工具一览

（1）Group（组合）：把多个图层组合在一起，编成组。

（2）Ungroup（取消组合）：取消图层组合。

（3）Move Forward（上移一层）：把图层的顺序上移一层，方便调整图层之间的展示顺序。

（4）Move Backward（下移一层）：把图层的顺序下移一层。

2.5.3　编辑类工具

编辑类工具的使用相对复杂，其中涉及布尔运算、旋转变形、蒙版等，如图 2-47 所示。

图 2-47　编辑类工具一览

1. 布尔运算

布尔运算一共分为以下 4 种运算方式。

（1）Union（联集）：执行联集后，将得到两个形状区域的和。

（2）Subtract（减去顶层）：将上层形状区域与下层形状中的重叠部分，从下层区域中挖去，同时只保留下层被挖去后的区域。

（3）Intersect（交集）：取两个形状重叠的部分。

（4）Difference（差集）：将两个形状相交的部分挖去，保留其他部分。

（5）Combine（结合）：布尔运算 4 种工具的合集。

例如，对两个圆做布尔运算时，将分别得出如图 2-48 所示的形状（填充颜色部分）。在第 3 章基础运用中，将具体讲述通过布尔运算得出的形状。

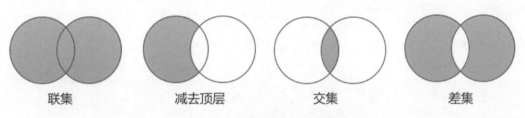

| 联集 | 减去顶层 | 交集 | 差集 |

图 2-48　布尔运算的 4 种方式

2. 旋转变形

下面几种操作是比较简单的。

（1）Edit（编辑）：选中一个图层，单击该工具即可进入编辑状态。

（2）Transform（变形）：使图层进入变形状态，在 2.4 节学习高级工具使用中，已经具体阐述。

（3）Scissors（剪刀）：剪刀工具，可以裁切形状，详见 2.4 节学习高级工具使用中关于剪刀工具的介绍。

（4）Rotate（旋转）：选择一个图层后，单击即可进入旋转状态，拉动边缘即可旋转图层的角度。

（5）Scale（比例）：通过该工具，可以将形状按照不同的中心点等比例放大或缩小。

（6）Mask（蒙版）：为图层添加一层蒙版，在第 3 章基础运用中将会具体讲述。

（7）Tools（工具）：旋转变形工具类合集。

下面是比较复杂的部分。

（1）Rotate Copies（旋转副本）：按照一个特定的中心点（可调整），向周边旋转复制相同的图形。例如，先绘制一个椭圆，再选择旋转副本，即可获得如图 2-49 所示的效果。支持以调整中心点的位置来改变旋转复制后的图形形状。

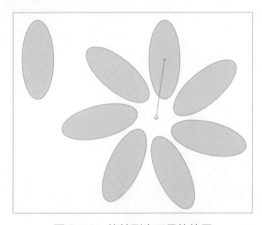

图 2-49　旋转副本工具的使用

（2）Outlines（轮廓）：可以直接理解为删除填充的部分，仅保留轮廓，如图 2-50 所示。与取消填充颜色不同的是，转化为轮廓后，只能设置轮廓的颜色。

图 2-50　轮廓工具的使用

（3）Flatten（变平）：简单来说，"Flatten"可以把不同形状的路径变成一个图层里的一个路径。如图 2-51 所示，两个椭圆经过布尔运算之后，它还是属于不同形状的路径，但是在布尔运算的基础上，再进行"Flatten"，仅剩下一个图层的路径，可具体观察图层的变化。

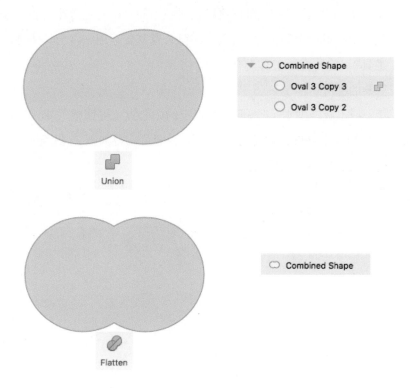

图 2-51　变平工具的使用

2.5.4　辅助类工具

除上述工具外，剩下的都可以归为辅助类工具，包括标尺、栅格、导出等工具，如图 2-52 所示。

图 2-52　辅助类工具一览

（1）Show Rulers（展示标尺）：单击即可切换显示标尺，标尺位于画布的左侧和顶部。

（2）Show Grid（展示栅格）：单击即可在画板上展示以像素为单位的单元格子。

（3）Show Layout（展示布局）：单击即可在画板上展示已经默认设置的布局，以栅格规范为单位。

（4）Show Pixels（展示像素）：切换像素点展示。

（5）Export（导出）：导出图层或画板内容。

（6）Round to Pixel（对齐像素）：部分图层可能不符合像素规范，单击即可修正像素的对齐方式。

（7）Create Symbol（创建组件）：创建 Symbol 的工具。

（8）Zoom（放大镜）：单击可放大缩小画布的比例。

（9）Make Grid（创建栅格）：以栅格的排列方式，批量复制内容，可以批量复制画板或图层。

（10）Mirror（镜像）：创建一个他人可查看的镜像，方便演示 Sketch 创作的内容，在第 4 章 Sketch Mirror 中将详细讲解该工具的使用。

（11）Cloud（云端）：上传文件到云端。

（12）Colors（色板）：调色板。

（13）Fonts（字体）：字体样式表。

（14）Space（间距）：用来设置工具栏工具之间的间距，方便从距离上区分工具的类别。

（15）Flexible Space（浮动间距）：与 Space 的功能一致，但浮动间距不是固定的距离大小。

2.6　学会版本管理

版本管理是大型项目不断迭代推进时需要面临的问题，针对不同的场景，Sketch 有两种版本管理方案。

2.6.1　使用多个 Sketch 文件管理

最常见的版本管理方法，通过创建多个不同命名的 Sketch 文件来实现。利用这个方案可以管理不同时段的设计方案，如第一版、第二版、第三版等，如图 2-53 所示；或同一个项目不同功能的内容，如首页设计方案、登录设计方案等。

夜视 App 第一
版 .sketch

夜视 App 第二
版 .sketch

夜视 App 第三
版 .sketch

图 2-53　多个 Sketch 文件管理

2.6.2　使用 Sketch 自动保存历史版本

此功能适用于临时的版本回溯处理。例如，我们想要找回早些时候设计的方案，但已经无法通过"Edit-Undo"命令（"Command+Z"组合键）撤销返回上一步的方式找回，这个时候，就可以使用 Sketch 自动保存历史版本的功能。

Sketch 会根据时间轴保存多个历史版本，可以通过"File"→"Revert To"→"Browse All Versions"命令进入历史版本管理界面，如图 2-54 所示。

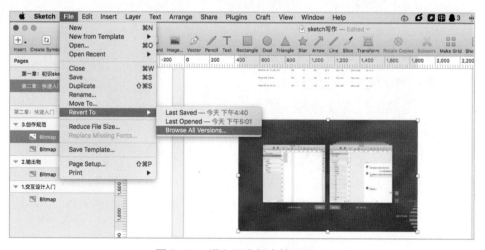

图 2-54　进入历史版本管理界面

进入历史版本管理界面后，可以看到，左侧的预览图为当前版本，右侧重叠的预览图部分是历史版本，这时可以通过选择右边的时间轴切换到任意时间轴的版本，如图 2-55 所示。

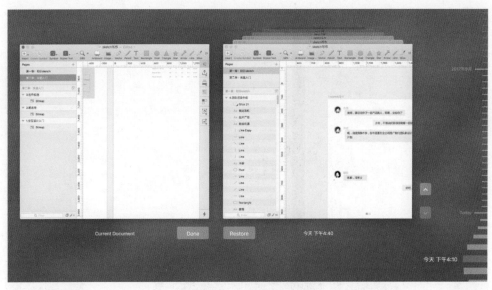

图 2-55　历史版本预览图

如果需要恢复其中的历史版本，先选中要恢复的版本，右侧预览图就会变大，这时再次单击"Restore"按钮即可恢复当前选中的历史版本，如图 2-56 所示。

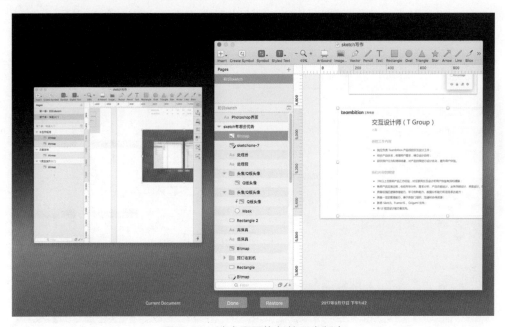

图 2-56　选中需要恢复的历史版本

如果只需要历史版本的某些元素，如历史版本中的某个图标，就可以通过复制的方式，把历史版本的图标复制出来。首先选中一个历史版本，然后选中一个图标并右击，在弹出的菜单中选择"Copy"命令（或按"Command+C"组合键），即可实现图标的复制，如图 2-57 所示。

图 2-57　历史版本的元素复制

　　然后，选中左侧的当前版本，右击空白区域，在弹出的菜单中选择"Paste Here"选项（或按"Command+C"组合键），即可把图标复制到当前的版本页面中，如图 2-58 所示。

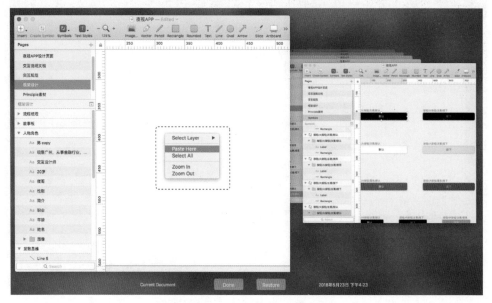

图 2-58　历史版本的元素粘贴

2.7　了解原型尺寸和命名规范

☆重点　2.7.1　原型尺寸

Sketch 是矢量的设计软件，这就意味着使用它产出的原型设计图经过视觉加工后可直接导出给前端工程师使用，所以交互设计师必须要有像素级别的概念。以 iOS 开发为例，在 Sketch 中为 iPhone 8 做设计，其原型尺寸应该为多大？Sketch 官方建议设计尺寸为 375pt×667pt（@1x，一倍图），这个尺寸是怎么来的呢？要解答这个疑惑，还需从手机物理尺寸、点和像素、多倍图方面说起。

1. 手机物理尺寸

4.7 英寸的 iPhone 8，5.5 英寸的 iPhone 8 Plus，5.8 英寸的 iPhone X，很多人都误以为英寸表示了手机屏幕的面积，实际上，这里的英寸是指屏幕的对角线长度单位，首先要牢记这一点。图 2-59 所示为 iPhone 8 手机物理尺寸。

图 2-59　iPhone 8 手机物理尺寸

2. 点和像素

然后，再来看看什么是点（Points，简称 pt）和像素（Pixels，简称 px），首先是点（Points），它可以看作是一个标准的长度单位。一般来说 1pt=1/72 英寸，在硬件设备中，它代表了最小的显示单元，也是 iOS 的开发单位。

其中，iPhone 8 的宽度为 375 Points，高度为 667 Points，iPhone X 的宽度与 iPhone 8 一

致，高度增加了 145 Points，一共 812 Points，如图 2-60 所示。

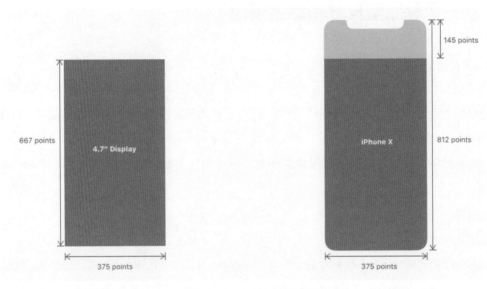

图 2-60　iPhone 8 和 iPhone X 的点（图片来自 iPhone 官网）

再就是像素（Pixels），它是屏幕上显示数据的最小单位，有一定面积的方形块，每个屏幕的分辨率不同，像素的大小也不确定。一般分辨率越高的屏幕，像素越小。在 iPhone 3GS 的时代，点和像素的大小是等同的，可以理解为一个点中包含一个像素，这样理论上 iPhone 8 的像素分辨率应该是 375px×667px。但大家都知道，真实的 iPhone 8 的像素分辨率是 750px×1334px，是点的两倍，这意味着 iPhone 8 屏幕一个点中包含两个像素，如图 2-61 所示。

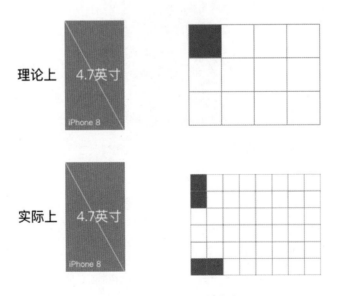

图 2-61　iPhone 8 的像素

3. 多倍图

理解了点和像素的概念之后，就比较容易理解 Sketch 官方为什么建议 iPhone 8 的原型设计尺寸为 375pt×667pt（@1x，一倍图）了。如果使用 750px×1334px（@2x，二倍图）做设计，开发时还需要先还原为 iOS 的开发单位——点（Points），然后除以 2。而使用 375pt×667pt 作图后，就可以很方便地用多倍图的概念导出 iPhone 8 和 iPhone X 的屏幕分辨率的设计图，如图 2-62 所示。

（1）iPhone 8：750px×1334px（375pt×667pt @2x）。

（2）iPhone X：1125px×2436px(375pt×812pt　@3x)。

而且，还有最重要的一点，官方的 iOS 组件库也是以 375pt×667pt 为基准进行设计的，iPhone X 的组件也是在宽度不变的基础上增加相应的高度，完全不用费脑筋换算成需要增加多少像素。

2.7.2　命名规范

在创作的过程中，为图层命名是必须的，方便后续的维护和整理。特别是 Symbol 库，缺乏统一的命名规范，就无法快速调用。那么命名又有哪些讲究呢？

1. 中文还是英文

主要看项目团队的实际沟通，共用一套命名规则，使用中文或英文命名都是可以接受的。例如，图标可以直接使用中文名称"图标"，或使用英文名称"icon"。

2. 交互层级命名

除了为图层命名外，把图层合理归组整理并命名也是有必要的。选中多个图层，然后"group"，即可将它们划分为组，且自动新生成一个文件夹，可以按照交互的层级为文件夹命名。例如，命名为"顶部导航""图标""按钮""卡片"等，如图 2-63 所示。

3. 图层命名规则

图层命名规则可按照"交互层级"+"控件名称"+"控件状态"来进行。例如，配合 Symbol 的命名规则，可以把复选框命名

图 2-62　Sketch 官方建议原型尺寸

图 2-63　交互层级命名

为"图标 / 复选框 / 选中"。如果需要配合高、低保真原型的切换，还可以在后方加上高、低保真的标识，命名为"图标 / 多选 / 选中 _ 低保真"。常见的图层命名规则如表 2-1 所示。

表 2-1　图层命名规则

交互层级	中文命名（示例）	英文命名
顶部导航	顶部导航 / 状态栏 / 黑色	navigation/status/slack
底栏	底栏 / 菜单 /4-1	bars/tab bar/4-1
图标	图标 / 复选框 / 选中	icon/checkbox/ture
按钮	按钮 / 常用 / 默认	button/main/normal
表单	表单 / 输入 / 单行输入	form/input/single
键盘	键盘 / 默认	keyboard/default
Toast	Toast/ 加载	toast/load
弹框	弹框 / 普通弹框	dialogs/normal
卡片	卡片 / 播放器 / 默认	card/player/normal

2.8　掌握交互设计方法论

在项目设计的流程中，仅仅靠设计师的个人经验是不够的，还需要用到交互设计方法来指导设计。采用交互设计方法指导设计主要有两方面的作用：一方面，设计方法能指导交互设计师更好地进行设计；另一方面，经过设计方法包装后的设计，能让交互设计师坦然面对产品经理、项目经理、视觉设计师、开发工程师等同事的质疑。

2.8.1　交互设计方法论的概念

什么是交互设计方法论？ A/B 测试算不算？从严格意义上来说不算，交互设计方法论应该具有普适性，而不是针对某个页面方案。数据分析算不算？单纯的数据分析不算，交互设计方法论不只是理性的，还有感性的。眼动测试呢？同样不算，交互设计方法论是全面的解决方案，而不是局部的。所以，交互设计方法论应该具备普适性，可以是理性或感性的，以及全面的交互设计解决方案。

2.8.2　交互设计方法论——5W2H

说到交互设计方法论，不得不提的一种"万金油"的交互设计方法论——5W2H 分析法，又称七何分析法，是"二战"中美国陆军兵器修理部首创，它被广泛应用在企业管理和技术开发当中。

如图 2-64 所示，5W2H 由 7 个英文单词的首字母组成，7 个单词分别是 What、Why、Who、When、Where、How to do、How much，用 7 连问发散思维思考问题，并从中得到启发，最后得到答案。交互设计的过程就是不断提问和反思的过程，所以 5W2H 同样适用于交互设计。

图 2-64　交互设计方法论 5W2H

1. 应用到日常设计

5W2H 具体的应用方式比较灵活，在日常交互设计流程中的应用如图 2-65 所示。

（1）质疑阶段。

Why：为什么要做这个功能，拿到功能需求时，首先应该对功能需求产生质疑，是否有做下去的价值。

（2）设计阶段。解决了 Why 的问题之后，可以进行初步的交互设计工作，在设计的过程中，应该对 4W 不断地进行反问和回答，力求得到答案。

What：具体要做哪些功能点？一共有多少个功能点要做？

When：什么时候上线？这些功能是否能如期交付？是否需要分批上线或删除不合理的功能？

Where：这些功能点放在哪个模块下面实施？对现在的模块将造成什么影响？

Who：谁来使用或维护这些功能？他们之间是否有权限控制？

（3）评审阶段。

How to do：整个方案是如何实施的？是否和产品、开发、利益相关人达成一致？

How much：开发的成本有多高？是否需要砍掉不合理的需求？如果整个项目花费太大，

就回到了 Why 的问题上，如此重复循环。

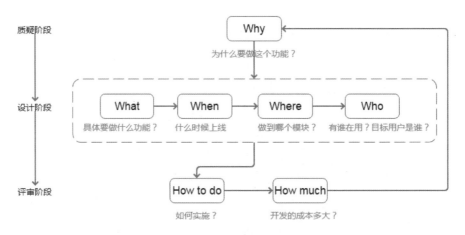

图 2-65　5W2H 日常应用

2. 应用到场景设计

5W2H 方法论也可以应用到场景化设计当中去，如图 2-66 所示，一共分为 3 个步骤。

第一步　列举场景。

Who：场景中有哪些人物角色？

When：场景发生的时间？

Where：场景发生的地点？

What：场景具体发生的事情？

例如，小明（Who）下班时（When）在楼下（Where）打不到车（What）。

第二步　挖掘机会。

How to do：如何解决场景出现的问题？

How much：解决问题的成本如何？机会何在？

还是小明，针对上述场景问题解决的方案可以有以下几种。

（1）继续拦截出租车（How to do），但是有下班高峰打不到车的风险，而浪费了时间成本（How much）。

（2）使用 App 叫车（How to do），由于多人同时叫车，需要额外的打车成本（How much）。

（3）找自行车骑回家（How to do），需要下载一个 App 而耗费流量（How much）。

（4）更多方案……

第三步　反思验证。

Why：为什么要使用这样的方案？

依旧是小明，为什么要选这个方案（Why）？什么时候应该选择 App 叫车方案？如果是急事呢？3 个方案并存是否可以？

列举场景	挖掘机会	反思验证
Who 场景中有哪些人物角色？	**How to do** 如何解决场景出现的问题？	**Why** 为什么要使用这样的方案？
When 场景发生的时间？	**How much** 解决问题的成本如何？机会何在？	
Where 场景发生的地点？		
What 场景具体发生的事情？		

图 2-66　5W2H 场景分析

2.8.3　其他交互设计方法论

除了 5W2H 分析法外，还有其他师出名门的交互设计方法论，如英国设计协会的双钻模型、斯坦福的 Design Thinking、谷歌的 Design Sprint（又称设计冲刺）。以谷歌的 Design Sprint 为例，下面来看看"正统"的交互设计方法论是如何指导设计师进行交互设计的。

1.Design Sprint 简介

Design Sprint 是 Google Venture（谷歌风投团队）总结的一套产品设计创新方法，通过利用短短 5 天的思考、决策、验证方案，快速完成产品迭代，相比迭代效率低下、缺乏验证的传统设计流程，能显著降低潜在风险。

该方法论适用于所有的行业领域，如无人驾驶汽车、搜索引擎、电子邮箱、共享经济等，并且经过了谷歌本身或跟谷歌有关联的知名项目（Uber、Gmail、Chrome 等）的验证。

2.Design Sprint 核心思想

Design Sprint 核心分为 6 个阶段，每一个阶段都环环相扣，完成其中一个阶段则进入下一个阶段，如图 2-67 所示。

（1）Understand（理解）：理解项目背景、用户需求、业务需求、现存问题等。

（2）Define（定义）：定义好要达到的目标，可以是产品目标或设计目标。

（3）Diverge（发散）：发散思维，集思广益，尽可能想出多样化的解决方案。

（4）Decide（决策）：共同协商决定其中一种最好的方案。

（5）Prototype（原型）：把方案通过原型具体表现出来，或已经开发出演示 DEMO。

（6）Validate（验证）：找利益相关者或相关用户进行验证。

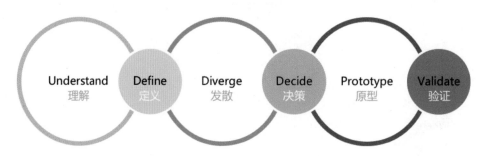

图 2-67　交互设计方法论 Design Sprint

3.Design Sprint 具体实施

如图 2-68 所示，Design Sprint 具体实施一共要经历 6 天，其中 1 天是准备阶段，需要集合多名团队角色、利益相关者、真实用户，所以该方法最佳应用场景应该是"一个新项目"或"现有项目遇到大问题"。具体实施步骤如下。

Day0，事前准备。

第一天需要组建团队，团队成员可包括产品经理、交互设计师、视觉设计师、开发工程师及利益相关人员，一般 5 到 6 人，最好协商好接下来团队成员的工作安排，因为这个设计方法相当于闭关修炼 5 天。

另外，要有一名成员做好组织者的工作，负责讲解项目的背景及安排好时间和地点。

Day1，设定目标。

组织者把现存的问题都列出来，团队成员可以在这个阶段沟通意见及想法，并最终定出一个目标，可以是产品目标或设计目标等。

Day2，贡献方案。

所有团队成员都把自己想到的可行性方案默写出来，最好有简单的手写图示，即能具体展示的方案。注意，从 Day2 开始，团队成员不需要相互交流解决方案，而是要独立思考，避免受到其他人的影响（方案决策的过程不是头脑风暴的过程，因为不太会说话的人的思路会被其他人带偏，无法表达出自己的见解）。

Day3，关键决策。

到了决策的阶段，需要大家都把方案展示出来，并且尽可能在方案页面上展示具体的实施细则。然后，不需要经过讨论，直接投票选择最佳的方案。

选出最佳方案之后，再来完善最佳方案的场景和细节。

Day4，完成原型。

把想法具体化的阶段，可以由团队内的交互设计师、前端工程师负责产出原型或 DEMO。

Day5，用户验证。

找到潜在或真实的用户验证原型，从中发现方案的不足，加以修改，形成最终的解决方案，并投入开发。

Day0 事前准备	Day1 设定目标	Day2 贡献方案	Day3 关键决策	Day4 完成原型	Day5 用户验证
组建团队 确定时间 确定地点	列出问题 设定目标	贡献主意 具体方案	方案PK 完善场景 无须讨论，投票 选出最佳方案	制作原型或开发 DEMO	用户验证 反复推敲

图 2-68　Design Sprint 实施流程

知识拓展

☆新功能　1. iOS 平滑角介绍

在 Sketch 发布的 47 版本中，有一条重要的更新：现在 Sketch 的矩形支持 Smooth Corners（平滑角）的方式进行调整，使之更好地达到 iOS 的适配效果，这对 iOS 图标设计的支持进一步提升了。什么是平滑角，它有什么作用？这要从 iOS 经典的圆角矩形图标说起。

如图 2-69 所示，自 2007 年苹果推出 iPhone 以来，虽然图标由拟物化变成了扁平化，但是圆角矩形的特点一直延续至今，外媒给出的报道称，iPhone 上使用圆角矩形图标是乔布斯的主意，他是圆角矩形的爱好者。准确来说，他是在 20 世纪 80 年代，苹果研发 Lisa 计算机的时候迷上的。

图 2-69　iPhone 典型圆角矩形图标

在乔布斯看来，整化的边缘设计容易打断人的思路，而圆角矩形并不像前者那样过于程序化，它可以让大脑更舒服且更快速地处理信息等。

所以，在为 iOS 设计图标时，首先用 Sketch 拉出一个圆角矩形，再设计图标的具体内容。但经过仔细比对观察，可以发现，iOS 的圆角比 Sketch 自带的圆角似乎更平滑一些，为了消除这些差距，针对 iOS 优化的平滑角功能出现了。

平滑角具体的使用方法也比较简单。首先拉出一个矩形，然后设置矩形的"Radius"，再选中下方的"Smooth Corners"复选框，这时就会发现矩形圆角的细微变化：绿色圆角比蓝色圆角更平滑，如图 2-70 所示。

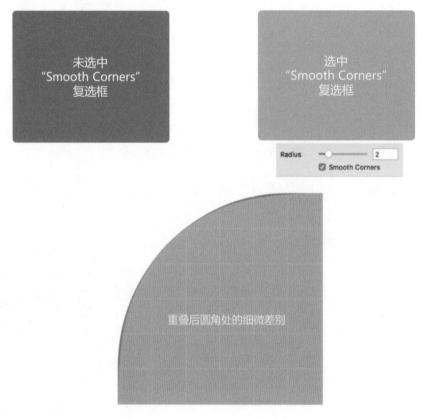

图 2-70　iOS 平滑角对比图

2. 一套称手的交互设计工具栏推荐

"工欲善其事，必先利其器"，把 Sketch 作为交互设计工具，没有一套称手的工具栏是不行的。交互设计工具栏如图 2-71 所示，也可以根据自己的习惯自定义工具栏，但是建议遵守以下 3 个原则。

（1）工具栏的工具尽可能少：交互设计师用到的工具不多，没必要把工具栏塞得满满的，难以查找。

（2）所有工具是高频使用的：把高频使用的工具放在工具栏中，低频的工具可以通过菜单栏或右键菜单进行操作。

（3）不同类型工具分组处理：把相同类型的工具放在一起，与其他不同类型的工具区分开来。

图 2-71　交互设计工具栏

这套称手的交互设计工具栏一共有 24 个工具，且根据不同的类型划分为 4 个组。第一组基本都是交互设计的灵魂——Symbol 的相关工具，具体用法在第 4 章将会详细介绍。第二组是高频使用的图像、矢量、矩形等基本工具。当然，也可以通过快捷键的方式将这些工具添加到画板中去，但是放着工具栏可以让用户快速回忆起可以使用哪种工具。第三组是高级工具的使用，包括剪刀、切图和布尔运算工具。第四组的工具只有两个，分别是导出和 Mirror。Mirror 用于原型演示，同样会在第 4 章中具体讲解它的用法。

3. 常用快捷键索引表

结合快捷键的使用，能显著提高软件的使用效率，在此整理了部分较为常用的快捷键，供大家参考，其中 Cmd=command，如表 2-2 至表 2-5 所示。

表 2-2　插入类（Insert）快捷键

功能	说明	快捷键
新建画板	新建 Artboard（画板）	A
切片	切图、导出工具，导出对象可以选择图层或画板	S
直角矩形	插入一个直角矩形	R
圆角矩形	插入一个圆角矩形	U
圆形	插入一个椭圆，按住"Shift"键可以绘制正圆	O
直线	插入一条直线	L
矢量	矢量锚点，矢量工具	V
文字	插入文本	T

表 2-3　格式类（Type）快捷键

功能	说明	快捷键
加粗	字体加粗	Cmd+B
斜体	字体倾斜	Cmd+I
下画线	添加下画线	Cmd+U
左对齐	字体左对齐	Cmd+Shift+{
居中对齐	字体居中对齐	Cmd+Shift+|
右对齐	字体右对齐	Cmd+Shift+}
透明度设置	插入矩形、圆形、直线，按数字键就可以快速调整透明度	数字 1~9
文字	插入文本	T

表 2-4　视图类（Canvas View）快捷键

功能	说明	快捷键
放大	放大视图	Cmd++
缩小	缩小视图	Cmd+-
实际大小	正常视图大小	Cmd+0
显示所有画板	在合适视图中显示所有的画板	Cmd+1
选择对象最大化	选择的对象	Cmd+2
标尺开关	显示 / 隐藏标尺	Control+R
网格开关	显示 / 隐藏网格	Control+G
布局开关	显示 / 隐藏布局	Control+L
左边栏开关	显示 / 隐藏左边栏	Alt+Cmd+1
右边栏开关	显示 / 隐藏右边栏	Alt+Cmd+2
工具栏开关	显示 / 隐藏工具栏	Alt+Cmd+T
全屏开关	进入 / 退出全屏	Control+Cmd+F

表 2-5　图层编辑类（Editng Layers）快捷键

功能	说明	快捷键
图层测距	与其他图层的距离	Alt
组内测距	与组内图层的距离	Alt+Cmd
复制	快速复制一个图层	Alt+ 拖曳
原地复制	为图层建立一个副本	Cmd+D
复制样式	复制选中图层的样式，如颜色	Alt+Cmd+C
粘贴样式	把复制到的样式粘贴到其他图层	Alt+Cmd+V
取色器	取色器	Control+C
填充开关	显示 / 隐藏填充部分，须先选中图层	F
描边开关	显示 / 隐藏描边部分，须先选中图层	B
上移一层	把图层上移一层	Alt+Cmd+ ↑
下移一层	把图层下移一层	Alt+Cmd+ ↓
置于顶层	把图层置于顶层	Control+Alt+Cmd+ ↑
置于底层	把图层置于底层	Control+Alt+Cmd+ ↓
蒙版	添加蒙版	Control+Cmd+M
编组	把多个图层归为一组	Cmd+G
取消编组	取消编组	Shift+Cmd+G

实战教学

　　实战教学板块是各章所学知识的综合运用，本章主要介绍了 Sketch 工具的使用方法，并且让大家对原型设计有了基本的认识，利用这些知识，大家脑海中已经可以初步"想象"出 App 页面是什么样子。例如，用一个矩形规范原型大小和代表内容区域，用一个圆形代表人物头像，用直线和文字标注原型高度和宽度。下面以一个实战案例教学来证明本章所学的知识是如何应用到"想象"页面中的。

　　这个案例需要完成 iPhone 8 首页原型页面（以夜视 App 首页为例）及 iPhone X 原型框的制作，其中原型页面不需要考虑细节的展示，仅用占位符代表原型的内容即可，iPhone X 原型框是供设计师后续思考页面适配所用的。这个案例涉及的知识点包括矩形、圆形、直线、文字等工具的使用，以及图形编辑和原型规格等知识。图 2-72 所示的是这个教学案例的效果图。

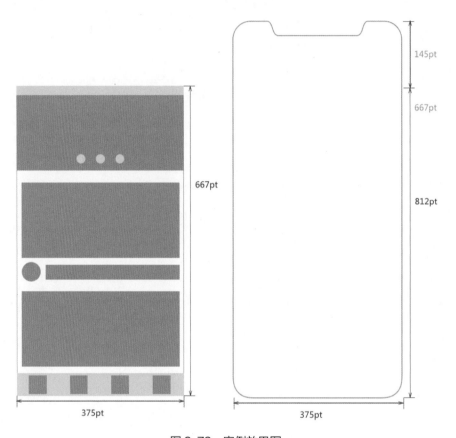

图 2-72　案例效果图

　　首先是 iPhone 8 首页原型页面的制作，一共分为以下 5 步。

　　第一步　使用矩形工具（按"R"键）拉出一个 iPhone 8 大小的矩形，即 375pt×667pt，作为限定的原型区域，并且在检查器中取消填充，如图 2-73 所示。

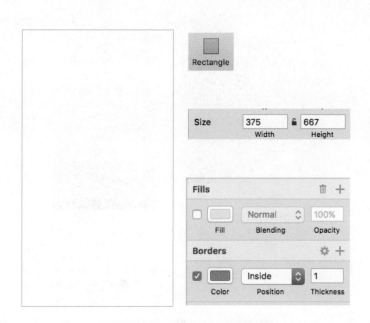

图 2-73　画出 iPhone 8 原型大小

第二步　再次使用矩形工具，制作两个宽度为 375pt，高度分别为 20pt、49pt 的矩形，作为 App 的状态栏和底栏区域，并采用无边框填充，如图 2-74 所示。

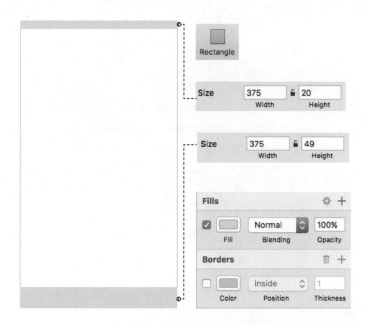

图 2-74　画出状态栏和底栏

第三步　依旧使用矩形工具，根据设计需求，在首页增加广告区和视频区域，矩形的大小可以自由发挥，填充颜色可以使用与状态栏、底栏不同的颜色进行区分，如图 2-75 所示。

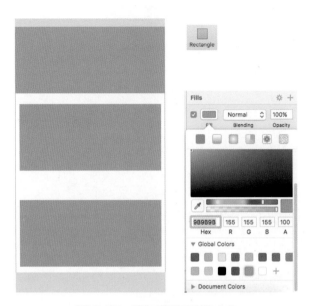

图 2-75　增加原型页面的内容

第四步　通过圆形工具（按"O"键）、矩形工具，补充广告切换小圆点、视频下方添加上传者头像和信息、底栏菜单的细节。这里有一个小技巧，使用圆形工具时，按住"Shift"键，即可画出一个正圆，如图 2-76 所示。

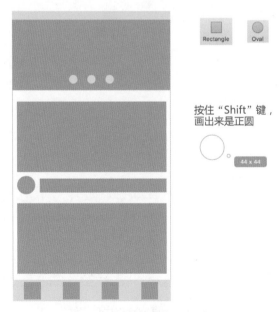

图 2-76　补充原型页面的细节

第五步　运用直线工具（按"L"键）和文字工具（按"T"键），在原型页面旁边增加一些备注说明，包括但不限于原型的尺寸、设计的意图等，如图 2-77 所示，方便和其他人员沟通。

至此，iPhone 8 首页原型页面制作完毕。

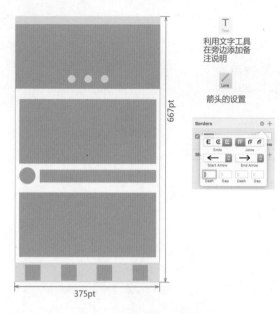

图 2-77　为页面增加备注说明

　　然后是 iPhone X 原型框的制作，由于 iPhone X 的宽度和 iPhone 8 一致，只是高度比 iPhone 8 多了一个"刘海儿"的宽度，重点是如何把"刘海儿"的区域准确地画出来。另外，iPhone X 底部的可视区域是圆角的，这点也与 iPhone 8 不同，需要注意。为了直观看出两者的区别，下面先来看看两者的机型对比图，如图 2-78 所示。

图 2-78　iPhone 8 和 iPhone X 对比图

　　看完对比图，就是动手制作的环节，一共分为以下 6 步。

　　第一步　使用圆角矩形工具（按"U"键）画出 iPhone X 的总体轮廓，宽和高分别设置为"375pt、812pt"，并且把"Radius"设置为"40"，选中"Smooth Corners"（平滑角）复选框，同时，取消颜色填充，如图 2-79 所示。

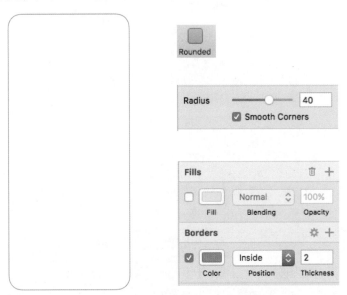

图 2-79　画出 iPhone X 的总体轮廓

　　第二步　双击圆角矩形进入编辑模式，并且在距离顶部线条 78pt、100pt 的位置单击，增加 4 个编辑点，如图 2-80 所示。

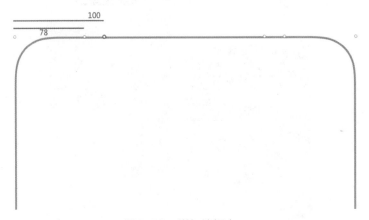

图 2-80　增加编辑点

　　第三步　拖动中间的两个编辑点，下沉大约 31pt 的高度。拖动编辑点时，按住"Shift"键，即可按照水平 / 垂直的方向直线移动，不会偏移，如图 2-81 所示。

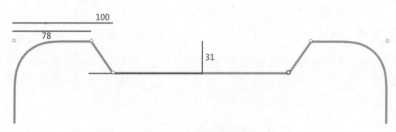

图 2-81　拖动编辑点下移

第四步　选中下沉的左侧编辑点，并在检查器中将点模式设置为"Disconnected"，然后拖动右侧的手柄，移动到水平位置；右侧的编辑点也做同样的处理，但是记得是移动左边的手柄到水平位置，如图 2-82 所示。

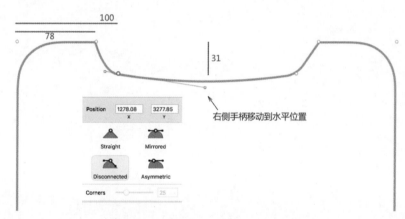

图 2-82　处理上"刘海儿"的弧度

第五步　按照第四步的方式处理"刘海儿"上面两个编辑点，注意手柄的移动选择即可，如图 2-83 所示。

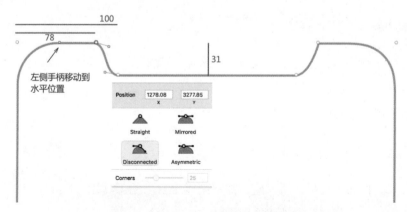

图 2-83　处理上"刘海儿"的编辑点

第六步　运用直线工具（按"L"键）和文字工具（按"T"键）在原型页面旁边增加一些备注说明，高度使用分段注明的方式，能明显看出 iPhone X 和 iPhone 8 的高度差别，如图 2-84 所示。至此，本章实战教学的内容全部完成，大家务必记得多加练习，尽快掌握 Sketch 工具的使用方法。

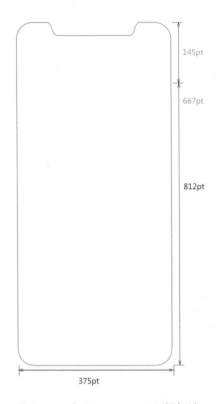

图 2-84　为 iPhone X 原型框标注

 动脑思考

1. 什么是交互设计？交互设计师承担着什么样的职能？

2. 什么情况下应该提供高保真原型？

3. 在实际工作中，有用到哪些交互设计方法论？

 动手操作

1. 把所有工具栏的工具都试用一遍，并定制属于自己的工具栏。

2. 尝试使用其中一种交互设计或界面设计方法，设计一个原型页面。

3. 记住常用的快捷键，练习使用快捷键添加内容。

第③章　基础运用

敲黑板画重点

每个设计师都应该懂得栅格布局原理。在 Sketch 中，设置栅格布局将变得十分简单。

框架设计，又称概念设计，是将功能需求转化为交互设计的必经阶段，旨在站在更高的层次把控全局。在框架设计阶段，应当充分考虑角色场景、梳理核心流程及确定信息架构。

好的界面设计层次分明、重点突出，能让用户快速区分界面的重点内容；好的界面设计布局合理、容易阅读，符合用户的阅读习惯，让用户快速获取想要的信息；好的界面设计元素合适、表达清晰，权衡元素的利弊情况，选用合适的元素表达内容。

Sketch 虽然不是一款位图编辑器，但是它也支持对图像进行简单的处理，如调整大小、转换格式、添加蒙版等，基本能满足一般的图像处理要求。

图标是计算机中的一种图形或符号，一般由线、面或线 + 面构成。图标和 LOGO 之间有着明显的区别，不能混为一谈。

"少总，项目的人物角色和故事场景需要和你一起讨论一下。"

"好的，我认为故事场景还可能包括这个方面的……"

3.1 创作空间

作为一名画家，他需要"绘本"来承载天马行空的创意；作为一名交互设计师，他需要一个"空间"来落地交互设计的想法。在 Sketch 中，画布或画板就是交互设计师所需的空间。大家既然掌握了基本工具的使用，那么是时候拿起工具在画布或画板上落实自己的想法了。在此之前，不妨先简单了解一下画布和画板的特色，以及标尺、定位线、栅格布局及自带的画板模板是如何使用的。

3.1.1 画布

1. 画布的概念

在 Sketch 中，画布就是创作的区域，它是向四周无限延伸的，如图 3-1 所示，设计师第一时间将创意想法在画布上实现，而不用受到创作区域的限制，就像拿出草稿纸来记录一样简单。要知道，交互设计的灵感有时候是一瞬间的。

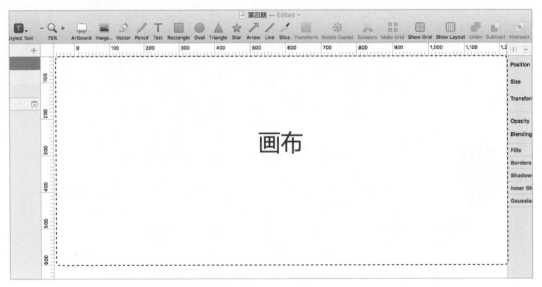

图 3-1 Sketch 中的画布

2. 标尺和定位线

在画布的左侧和上方，可以看到数字刻度的标记，就像尺子一样，这就是标尺（Rulers）。如图 3-2 所示，在标尺上标记的数字可以简单理解为像素（px），它可以辅助设计师进行原型设计。例如，一般 Web 网站宽度是 1200px，那么可以在标尺刻度值 0 到 1200 之间进行创作，超出的部分会给视觉设计师带来困扰。

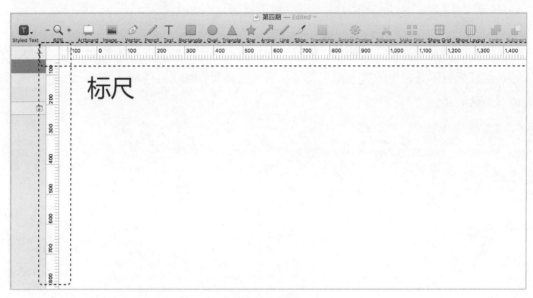

图 3-2　标尺

　　说到标尺，就不得不提定位线，使用定位线可以帮助设计师更精准地限制创作区域的大小，如 iPhone X 的安全区域，就可以使用定位线来标记高度和宽度的范围。使用的方式也十分简单，将鼠标指针移动到标尺的刻度上，即可看到定位线，在任意刻度上单击即可添加一条定位线。将鼠标指针移动到定位线上，拖动鼠标可以拖动定位线的位置，如果要删除它，只需要拖动相应的定位线至水平、垂直标尺交叉处松开即可，如图 3-3 所示。

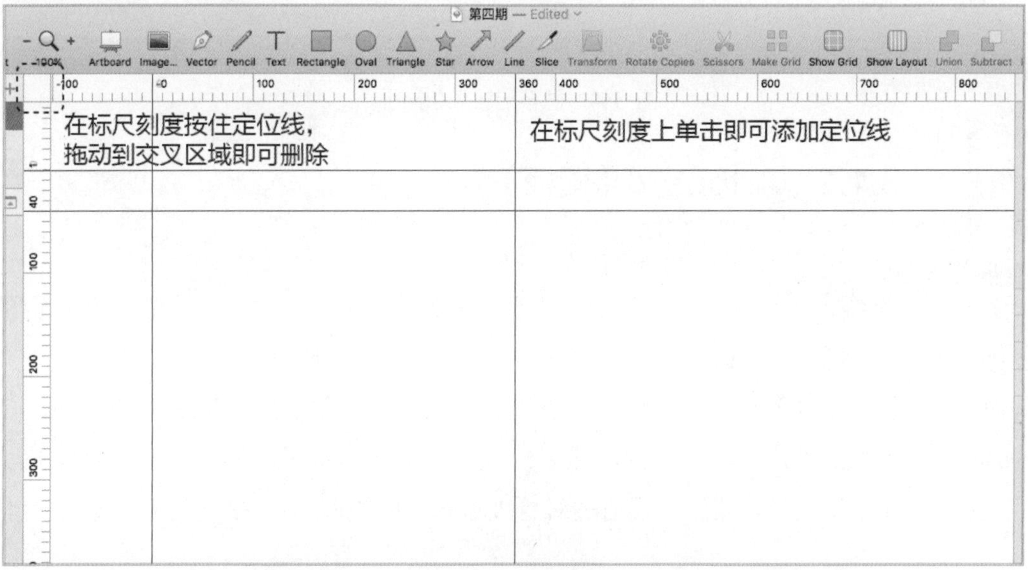

图 3-3　定位线

3. 画布的缩放

矢量图的绘制是十分精细的活儿，像素上的细微差别有时候需要放大才能看出来。设计师可以通过触控板或工具栏中的放大镜工具等比例缩放画布，如图 3-4 所示，方便像素的修正或查看原型整体效果。

图 3-4　画布的放大和缩小

☆重点 **3.1.2　Artboard（画板）**

1. Artboard 的概念

前面已经介绍，画布可以向任意方向无限延伸，但很多时候需要在一个固定的区域进行创作，在画布上添加 Artboard 可以帮助设计师更好地框定创作范围。在一个画布上面增加一个或多个 Artboard，可以通过快捷工具栏 "Artboard" 或选择 "Insert" → "Artboard" 命令（按 "A" 键）在画布中插入一个 Artboard，如图 3-5 所示。Artboard 的大小可以通过用鼠标拖动边缘来调整，或通过对检查器的宽度（Width）和高度（Height）色值来调整。

图 3-5　建立在画布之上的 Artboard

2. 使用自带 Artboard 模板

Sketch 中自带主流平台产品页面的 Artboard 模板，如苹果 iPhone、iPad、Apple Watch 等设备的原型尺寸，在 Artboard 模板中都定义好了，方便用户使用各平台的尺寸规范来进行设计。如果要引用一个尺寸为 375pt×667pt 的 iPhone 8 原型画板，只需在插入 Artboard 时，在检查器中选择需要的 Artboard 模板即可，而且支持竖屏和横屏的尺寸，如图 3-6 所示。

Artboard 自带模板包括 Apple 设备、谷歌的 Material Design、Web 网站、Paper（纸张）尺寸和自定义尺寸，基本满足用户的设计要求。

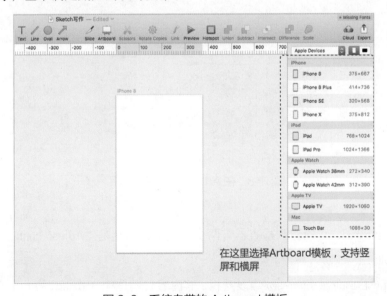

图 3-6　系统自带的 Artboard 模板

3. Artboard 的应用

Artboard 除了限定创作区域外，还可以为移动端产品的每一个页面单独创建一个 Artboard，通过平铺排列的方式来查看各页面的关联情况，如图 3-7 所示。

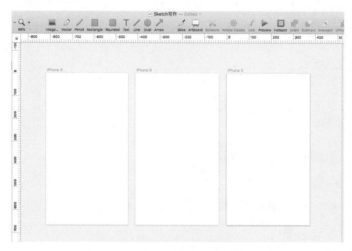

图 3-7　Artboard 的应用

但在实际应用中，不建议单独的页面用一个 Artboard，因为不同的 Artboard 之间无法通过线条来连接。如果用户需要通过线条来表明页面之间的跳转关系，正确做法是在同一个 Artboard 中使用方框来区分页面，即用连接线表明页面的跳转关系，如图 3-8 所示。

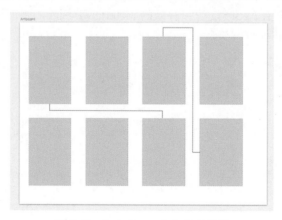

图 3-8　在 Artboard 中建立联系

4. Artboard 的其他设置

选中一个 Artboard，可以看到检查器有两个复选框，分别是"Adjust content on resize"和"Background color"。

首先是"Adjust content on resize"复选框，其内容自动适应 Artboard 的大小变化。如图 3-9 所示，选中后，Artboard 中的内容会随着 Artboard 的大小而相应调整比例。

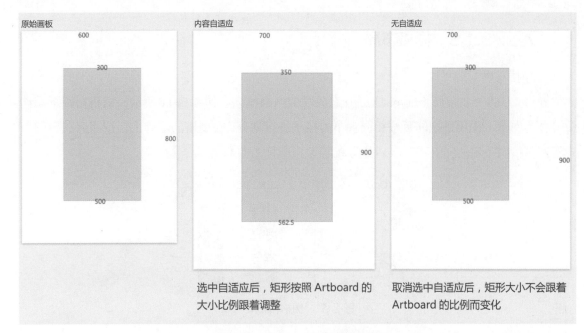

图 3-9 Artboard 的自适应设置

然后是"Background color"复选框，设置 Artboard 的背景颜色，如图 3-10 所示。下方的"Include in Export"复选框的意思是包含导出，导出 Artboard 时，会使用当前设置的背景颜色。

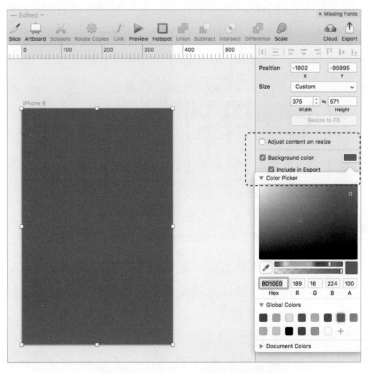

图 3-10 Artboard 的背景颜色设置

☆重点 **3.1.3 栅格布局**

1. 栅格布局的定义

栅格（Grid）和布局（Layout）是互有关联的两个概念。如图 3-11 所示，栅格在网页设计中又称为网格，作用是把网页按相同大小的格子进行划分；在栅格的基础上，按照列或行的方式将网页按照一定的间隔进一步划分为 N 等分，就称为布局。

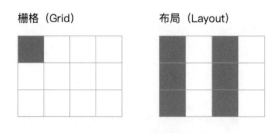

图 3-11　栅格和布局

2. 栅格布局的作用

好比使用 Excel 表格规范填写内容一样，栅格布局的作用就是规范展示网页的内容。在网页设计中，左右不对称两栏式布局很常见，假设夜视 App 的 Web 后台系统的总宽度是 1280px，分为左菜单、右内容的两栏式布局，那么左右栏宽度应该如何设置呢？它们之间的间隔又为多宽呢？如果使用栅格布局，就很容易得出答案，下面将 1280px 进行十六等分，设置列宽为 64px、间隔为 16px，即可得到如图 3-12 所示的栅格布局。

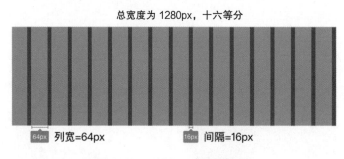

图 3-12　1280px 布局示意图

一般情况下，用户会在左右两侧都预留一些安全间距，讲究左右对称美，只需要把右侧的间隔 16px 一分为二，将其中的 8px 放到最左侧，修改后的布局如图 3-13 所示。

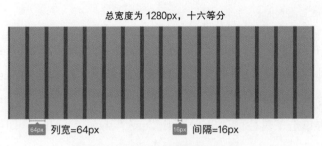

图 3-13　布局两侧预留安全间距

　　这时，可以将栅格布局作为划分依据，把左侧菜单栏的宽度设置为 224px（3 个列宽 +2 个间隔的距离），右侧内容区域设置为 1024px，中间间隔设置为 16px，两侧预留 8px 的安全间距，如图 3-14 所示。

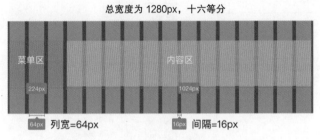

图 3-14　根据布局定义模块的大小

　　至此，大家已经大致明白了栅格在 Web 端的用法，那么在移动端是否也存在同样的栅格概念呢？答案是肯定的，但是移动端对栅格布局的依赖较少。以 iOS 为例，iOS 设备的屏幕尺寸比较统一，也有比较完整的设计规范，如图 3-15 所示。

图 3-15　移动端的栅格布局

3. 栅格布局设置

众所周知，网页的宽度除了 1280px 外，还有 960px、1200px、1368px、1440px 等常见的宽度，划分多少等分视具体情况而定。如果人工计算就比较麻烦，这时使用 Sketch 自带的栅格布局功能，一切问题就会迎刃而解。

先选中画板，再单击工具栏的"Show Grid"或"Show Layout"，即可在画板中展示默认的栅格及布局，如图 3-16 所示。

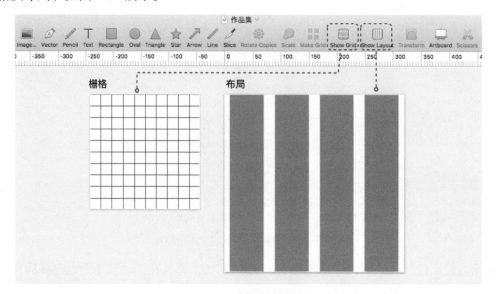

图 3-16　栅格布局设置

如果要对栅格进行改动，则需要选择"View"→"Canvas"→"Grid Settings"命令弹出设置页面，如图 3-17 所示。

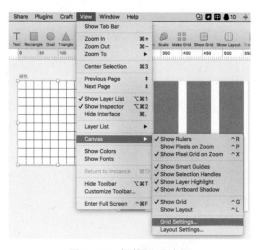

图 3-17　栅格设置路径

弹出"Grid Settings"设置页面后，可对每个栅格的大小、加粗线条、栅格的颜色进行设置。如果对设置的值不满意，还可以单击"Make Default"按钮恢复为默认值，如图 3-18 所示。

图 3-18　栅格设置界面

如果要对布局进行改动，则需要选择"View"→"Canvas"→"Layout Settings"命令弹出设置页面，如图 3-19 所示。

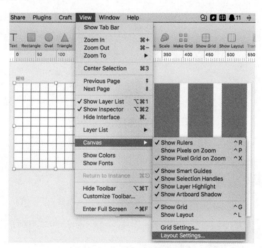

图 3-19　布局设置路径

弹出"Layout Settings"设置页面后，可以对图 3-20 所示的设置项进行设置。

（1）Total Width：网页总宽度。

（2）Offset：表示栅格的偏移值，即上面提到的两侧安全边距的概念，设定完成以后单击"Center"（居中）按钮可在两边预留安全边距。

（3）Number of Columns：就是列数，通常设置为 12、16、24。

（4）Gutter on outside：默认选中即可，与前端算法的值匹配。

（5）Gutter Width：列和列之间的间隔距离。

（6）Column Width：列宽，（列宽＋间隔）× 列数＝总宽度。

（7）Gutter Height：行间隔。

（8）Row Height：行高。

（9）Visuals：外观，即设置列或行是采用"Fill Grid"（填充），还是采用"Stroke Outline"（描边）的方式。

图 3-20　布局设置界面

3.2　框架设计

"磨刀不误砍柴工"，框架设计又称概念设计，是将功能需求转化为交互设计的必经阶段，旨在站在更高的层次把控全局。如果跳过这个环节，直接进入界面细节设计，则可能会导致功能模块各自为政、主次不分、无法整合。在框架设计阶段，应当充分考虑角色场景、梳理核心流程及确定信息架构。

3.2.1　发散思维

框架设计的第一步是最难的，因为很多初学者都不知道从哪入手，有一种突然失去思考能力的感觉。这个时候，不妨回顾一下之前学习的交互设计方法论——谷歌 Design Sprint，其中包括"Diverge：发散思维"这一步，说明交互设计需要经历一个发散思维的过程，可以将它作为框架设计的第一步。

发散思维是一个产生灵感的过程，但切忌天马行空，除非设计师是经验丰富的交互设计专家。在未成为专家之前，需要一些切入点来帮助设计师完成发散思维的过程。

1. 关键词思考

看到"飞机"这款产品，人们会在脑海中第一时间为它贴上"快""交通工具""天空"等关键词标签。其中"快"是用户对飞机这款产品最直观的认知，也是这款产品最大的亮点。找到产品的关键词，并从关键词中提炼核心点的过程，就是互联网产品关键词思考的过程。

具体应该怎么做呢？以短视频项目为例，先在 Sketch 画布正中写下产品关键词"短视频"，然后围绕这个关键词展开联想，找到更多的关键词，如短、创作、搞笑、papi 酱等，补充在周边，如图 3-21 所示。

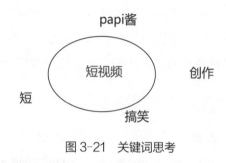

图 3-21　关键词思考

2. 换位思考

如果自己是目标用户，那么会期待它是一个什么样的产品？希望它能解决什么问题？学会换位思考，也是发散思维的一种切入方式，多站在用户的角度上思考问题的解决方案，最终的设计方案就可能多一些理解和包容，使产品与用户在无形中建立一种亲密的关系。

3. 需求导向

所有通过发散思维得到的"idea"（创意），都是为业务需求或产品需求服务的，发散思维可以从目标需求开始。以开屏广告（App 启动页插入广告）需求为例，不实现的直接后果就是损失业务收入，拒绝此类需求需要给出充分的理由，如广告效果不佳，不能达到预期的业务收入；如果确定需要实现，则思考采用什么样的方式才能把用户体验的损害降到最低，有没有折中的方案。

使用文字和直线工具，在画板上面整理本次需求的解决思路，如图 3-22 所示。

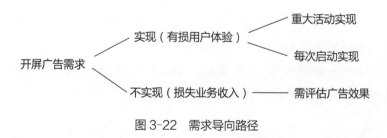

图 3-22　需求导向路径

3.2.2　人物角色

交互设计师都有扮演用户的能力，但是与真实的用户又相去甚远。以用户为中心的设计时代，产品的成功与否取决于用户。在框架设计阶段，设计师就有必要去构建人物角色（persona），帮助进行产品决策和设计。人物角色不是特指具体的某个人，而是目标用户群体的综合特征，是一个虚拟的用户画像。

人物角色一般会包含个人基本信息，如家庭、工作、生活环境描述，与产品使用相关的具体情境，用户目标或产品使用行为描述等。问卷分析（定量）＋用户访谈（定性）是常用的构建人物角色的方法，通过问卷分析设置的问题获得用户群体的基本信息，通过用户访谈了解用户使用产品的行为模式和使用目的。最后，将两者综合起来，提炼出典型的人物角色。

使用文字和图像工具，很容易在 Sketch 中把人物角色整理出来，如图 3-23 所示。

姓名	**夜雨**	性别	**男**
年龄	**20岁**	职业	**交互设计师**
简介	现居广州，从事金融行业，手机产品的重度使用者，习惯用视频记录生活，也会利用碎片化的时间观看更多有意思的视频，认为短视频更符合自己的品位，纯属虚构。		

图 3-23　简单的人物角色卡片

3.2.3　故事板

任何产品都离不开实际使用场景的支撑，用户在什么时间、什么地点、以怎么样的方式使用短视频产品，就是典型的用户场景。在第 2 章中，已经讲述了使用交互设计方法论 5W2H 提取用户场景，下面学习和用户场景密切相关的交互设计方法——故事板。故事板是一个把用户场景进一步加工，形成一个生动的故事，并完整描述出来的交互设计方法。

什么是故事板？故事板最早起源于动画行业，它讲究的是以直观的、可视化的方式，用一个故事将各个镜头串联，形成一个完整体验的过程。在框架设计阶段采用"故事板"，目的是挖掘特定产品使用情境下用户和产品之间的交互关系。故事板不会直接帮助设计师得到更好的方案，但可以帮助设计师更准确地发现潜在问题。

从表现形式来看，一般都采用图文故事板，可以让设计师如同看电影一样，融入故事场景当中。构造故事板需要注意以下几个方面。

（1）明确故事板中的角色，这在人物角色阶段已经构建好了。

（2）明确故事中需要达成的目标。

（3）注意故事的完整性。

（4）注意故事发生的场景细节。

（5）注意分镜处理。

如果设计师有比较强的手绘能力，在 Sketch 中可以直接使用铅笔工具、文字工具勾勒人物和场景。在绘制的过程中，不用刻意追求精细的图形表达，只需把场景内容表达清楚即可。一个故事板最好控制在 6~10 个分镜头，如图 3-24 所示。

（1）夜雨不小心把手机摔坏了，需要重新更换一部手机。 （2）夜雨不知道买什么手机合适，于是他请教了一下朋友的意见。 （3）夜雨赶紧上网搜一下 XX 手机，但是参数术语一大堆，完全看不出好坏。

（4）正在苦恼时，朋友分享了一个短视频链接，说："XX 手机为什么好，看这个视频就知道了。" （5）短视频比文字更直观，一些术语也讲解得通俗易懂，夜雨对 XX 手机产生了极大的兴趣。 （6）短视频下方还有关于该手机的交流心得，并且贴心地给出了价格趋势和购买入口，夜雨打算马上下单。

图 3-24 完整的故事板

如果设计师觉得自己手绘能力不行，也没关系，可以用粘贴复制的方式来完成故事板。从网络上搜罗能代表人物、物品和环境的素材，直接粘贴到 Sketch 画布中，组成一个个场景，并添加文字说明即可。

在人物角色和故事板完成后，一定要和产品经理一起讨论完善，毕竟这部分信息对产品方向有很大的参考价值。

3.2.4 流程设计

框架设计的第四步是流程设计，就重要性而言，流程图比原型更重要，因为流程图能完整表述整个功能流程，让团队成员站在全局的角度来进行沟通，要养成流程比原型先行的习惯。

在 Sketch 中，使用箭头工具、文字工具和矩形工具可快速绘制流程图，这适合在早期框架设计时与项目组的成员进行关键流程沟通，如图 3-25 所示。后续细致标准的流程图绘制，建议还是使用 Visio 等专业的流程图软件，毕竟 Sketch 中没有专门针对流程图使用提供支持。

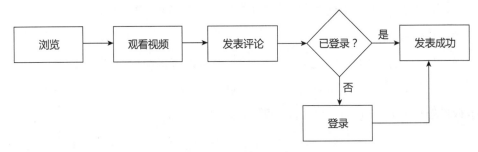

图 3-25　核心功能流程

3.2.5　信息架构

信息架构可以简单地理解为产品的导航菜单，但远比后者复杂得多。举个例子，大家去超市购物，是否会留意超市区域的设置、货物的摆放、顾客行走的路线？这些其实都是经过精心设计的，就是为了让顾客更方便地购买他们想要的商品，使超市利润最大化。

设计 Web、App 产品，经常要进行信息架构设计，复杂的信息架构对交互设计师的业务理解能力、产品的全局把控能力、用户场景的设定提出更高的要求。通常，设计师在描绘一般的信息架构（导航菜单）图时，不仅要输出架构层级，而且要清晰注明它们之间的相互关系，如图 3-26 所示。

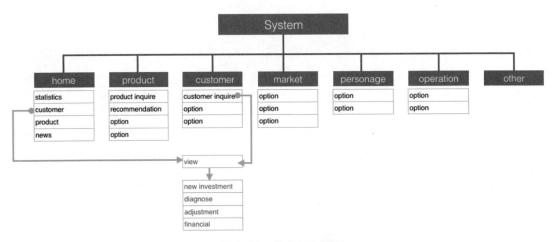

图 3-26　信息架构图示

3.3　界面设计

完成框架设计后，接下来就进入设计师熟悉的界面设计环节，也就是交互设计师常说的绘制线框图的环节。在这个环节中，需要进行界面元素的设计，包括但不限于文字、按钮、标签、表单、输入框等元素的设计。交互设计师眼中的"界面设计"和视觉设计师眼中的"界面设计"有所区别，前者是为了"好用"，后者是为了"好看"。例如，交互设计师为了让用户实现收藏视频的目的，会在视频下方用一个图标或占位符代表"收藏"按钮，而到了视觉设计师这里，则会考虑怎样把收藏按钮同其他按钮区分开来，让用户一眼看上去就有收藏的欲望。

3.3.1　界面设计原则

好的界面设计主要有 3 个原则。

（1）界面层次分明，重点突出：能让用户快速区分界面的重点内容。

（2）界面布局合理，容易阅读：符合用户的阅读习惯，让用户快速地获取想要的信息。

（3）界面元素合适，表达清晰：权衡元素的利弊情况，选用合适的元素表达内容。

3.3.2　界面设计理论

在界面设计中，没有单一固定的理论方法，而是多种方法综合的结果。在设计界面导航时，需要用到的是信息架构的方法；在设计界面布局时，需要用到"F 型布局"；在设计具体形状时，又需要用到格式塔原理……所以，界面设计方法应用，是对设计师知识体系的积累和经验的挑战。

3.3.3　界面设计实践

在了解了界面的设计原则和设计方法后，设计师就可以开始首页的设计，这是界面落地的第一步，不用追求页面的华丽程度，只需要快速搭建一个可视化的界面，供后续的界面参考。

页面设计一共分为以下 5 步。

第一步　框架搭建。还记得前面讲到的画板吗？它可以很方便地知道 iPhone 7 的尺寸。操作路径为插入画板，在检查器中选择"Apple Device"→"iPhone 7"，可看到原型尺寸为"375×667"，如图 3-27 所示。

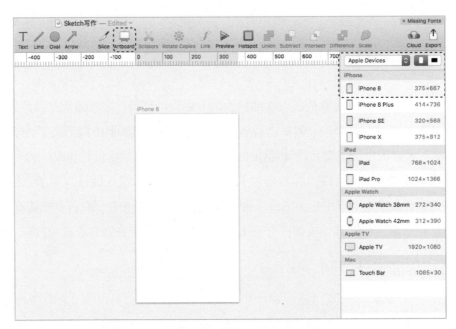

图 3-27　插入一个画板

　　由于我们不建议使用单独的画板创建单独的页面，因此设计师可以先新建一个较大尺寸的画板，再在画板上面画一个 375pt×667pt 的矩形，就初步完成框架的搭建，如图 3-28 所示。

图 3-28　在画板上添加页面

第二步　添加状态栏和菜单栏。在 Sketch 中添加状态栏（20px）和菜单栏（49px）非常简单，完全不用去网上搜索 iOS 设计规范。在 Sketch 菜单栏中选择"File"→"New From Template"→"iOS UI Design"命令，可看到 Sketch 自带的 iOS 组件库，再从中选择状态栏 (Status bar)、主菜单栏 (Tab bars) 即可，如图 3-29 所示。

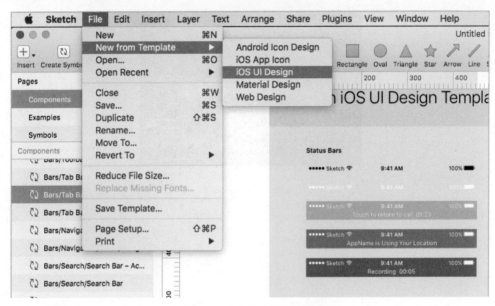

图 3-29　添加状态栏和菜单栏

另外，还可以适当增加定位线来进行定位，以规范界面设计，如图 3-30 所示。

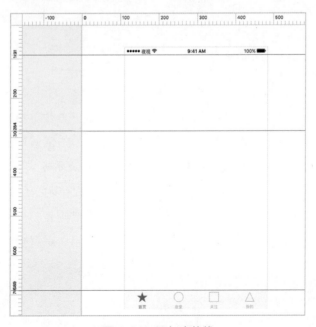

图 3-30　添加定位线

第三步 设计运营 Banner（横幅广告）。短视频作为内容输出产品，首先需要考虑的是为用户减少决策范围；另外，在有限的空间内在首屏为用户呈现更多的内容，没有比轮播运营 Banner 更好的方式了。除了插入图像外，还可以使用椭圆工具增加一些小圆点，代表 Banner 是可以切换查看的，如图 3-31 所示。

图 3-31　添加运营图像

第四步 设计短视频 Push 流。即首页除了轮播运营 Banner 外，还有其他需要提供给用户的内容。展示的方式有多种：可以采用九宫格的方式，在有限的空间内展示更多的内容，常见于大型视频 App，如腾讯视频；可以采用富有冲击力的列表展示方式，每一行展示一个内容，如开眼。夜视采用的是类似开眼的展示方式，以推荐精品应用为主，如图 3-32 所示。展示内容包括视频预览图、视频标题、视频作者、视频长度、发布日期等。

注意：短视频应用中，展示视频长度是必须的，它能让用户对短视频的长度有一个心理预期，合理安排碎片化时间。

图 3-32　添加视频模块

第五步　添加搜索按钮。搜索对于内容应用来说至关重要，搜索的入口既要不对用户浏览视频造成困扰，又要放在显眼的位置，方便用户调用。在首页顶部的位置放置搜索按钮是较好的选择，如图 3-33 所示。搜索图标可以直接用一个占位符来代替，后面将具体学习怎样使用 Sketch 绘制图标。

图 3-33　添加搜索功能

至此，一个完整的界面已经设计完毕，用 Sketch 设计原型是不是很简单？中间并没有涉及复杂工具的使用，只需要确定好思路，就可以快速把原型搭建起来，再通过原型验证之前的想法是否合理。

3.4　图像处理

在 3.3 节中构建了夜视项目首页的原型，但看起来比较粗糙。因为中间涉及一些图像和图标的处理知识，图像和图标的细节没有处理好，导致整体看起来并不协调。所以，从本节开始，将讲述如何使用 Sketch 处理图像并具体应用到项目中去；在 3.5 节将学习如何绘制一个图标。

3.4.1　图像导入

怎样把图像添加到 Sketch 中？有两种方式可以把图像添加到 Sketch 中，一种是通过工具栏"Image"选项插入图像；另一种方式则较为常用，即复制粘贴（按"Command+C"及"Command+V"组合键）图像到画布中，如图 3-34 所示。

图 3-34　导入图像的方法

☆重点 3.4.2　图像处理方式

实际交互设计工作通常都离不开图像的处理，例如，对过大的图像进行大小的调整或裁剪。可选择的图像处理工具也很多，但是 Sketch 自带的图像处理特性就能很好地满足这些简单的图像处理需求。下面介绍 Sketch 的 6 种图像处理方式及其应用案例，它们分别是调整大小、转换格式、裁剪形状、消除内容、布局重组、变更颜色，如图 3-35 所示。

调整大小　　转换格式　　裁剪形状　　消除内容　　布局重组　　变更颜色

图 3-35　图像处理的方式

1. 调整大小

应用说明：有时候获取的图片尺寸过大，需要按比例调整它的尺寸，以便能放进设计的原型当中，但又需要完整的图像，而不是一部分截图。在日常应用中，可以通过以下方法把一些图片处理成合适大小的 QQ 表情。

Sketch 处理方式 1：通过检查器的 Size 调整"Width"和"Height"的数值来控制图像大小。注意，单击"锁定"图标，图像会按照比例来进行调整，如图 3-36（a）所示。

Sketch 处理方式 2：不在 Sketch 中修改比例，仅通过导出工具控制最终的导出图像大小。用"Slice"工具按比例导出，既可以自由输入比例，如 0.65，即 65%，也可以选择安卓或 iOS 平台的尺寸，如图 3-36（b）所示。

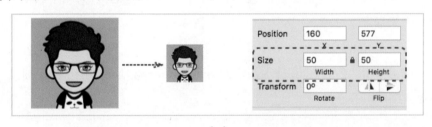

（a）

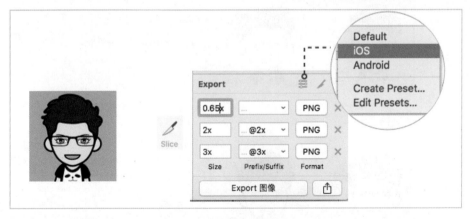

（b）

图 3-36　图像调整大小

2. 转换格式

应用说明：不同格式的图像存储大小和分辨率都不同，不同平台也限制了图像采用何种格式上传，所以往往需要对图像的格式进行处理。

Sketch 处理方式：与调整图像大小方式 2 基本一致，只是从输入比例变成了选择图像格式。Sketch 支持导出 PNG、JPG、TIFF、SVG 等常用的图片格式，如图 3-37 所示。

图 3-37　图像转换格式

3. 裁剪形状

应用说明：通过裁剪来调整图像的大小，"隐藏"不需要的区域，也可以通过 Sketch 的 Mask（蒙版）来添加遮罩处理。

Sketch 处理方式：双击需要处理的图像，即可在检查器中看到"Crop"（裁剪）菜单。选中需要裁剪的区域，单击"Crop"（裁剪）按钮即可，如图 3-38 所示。至于蒙版的处理方式，在后面会给出更详细的解答。

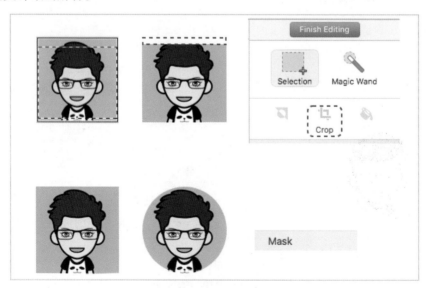

图 3-38　图像裁剪形状

4. 消除内容

应用说明：直接在非矢量图像上修改内容，如需要隐藏敏感信息，替换成新的说明文案等。这种操作技巧在处理产品线上的问题时会应用得十分频繁，如 App 上某处文案需要修改，就通过这种处理方式，可以很快地和开发人员沟通需要修改内容的位置和新的内容文案。

Sketch 处理方式：双击需要处理的图像，选中需要消除的区域，单击"Fill Selection"（填充选区）按钮，可看到消除的区域被默认红色填充了。然后，再通过颜色拾取器，使填充颜色和填充区域的颜色保持一致即可，如图 3-39 所示。

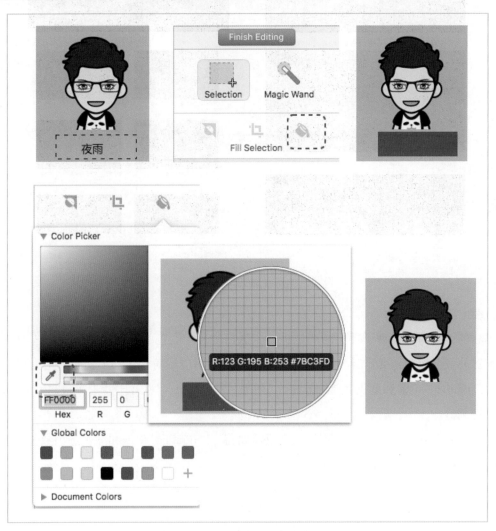

图 3-39　消除图像内容

5. 布局重组

应用说明：灵活运用截图软件和自带的裁剪、消除功能，可以对一个产品的内容布局进行调整，这是一种高效、可行的设计方法。

　　Sketch 处理方式：截图 + 消除内容 + 裁剪形状，任意调整位置，如图 3-40 所示。

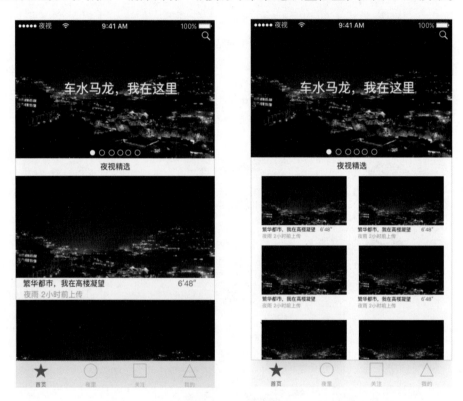

图 3-40　布局重组

6. 变更颜色

　　细心的读者可能发现了界面的图像进行了黑白处理。变色的处理比较简单，选中图像后，在检查器处找到"Color Adjust"选项。"Color Adjust"对应的 4 个子选项功能分别为"Hue"（色相）、"Saturation"（饱和度）、"Brightness"（亮度）、"Contrast"（对比度），可以拖动滚动条对图像进行调整。

　　以首页的 Banner 配图黑白处理为例，只需要将"Saturation"（饱和度）选项数值设置为 0，即可得到黑白的图片，如图 3-41 所示。

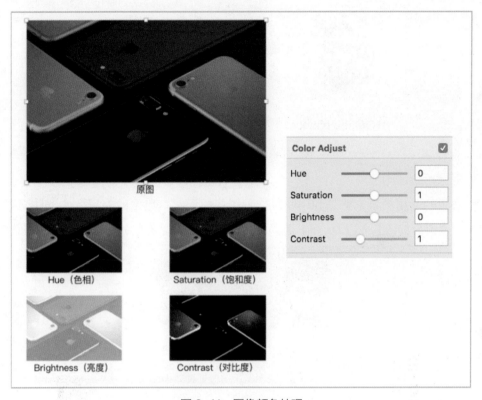

图 3-41 图像颜色处理

3.4.3 Mask（蒙版）处理

蒙版是 Sketch 中对图像处理的一种特殊用法，借助蒙版可以得到一些特殊形状的图像，如圆形头像。

1.Sketch 中的蒙版

首先来看一下官方对蒙版的定义：Masks in Sketch are used to selectively show parts of other layers. For example, masking an image layer to a circle will give the image a circular shape. 翻译为中文为：Sketch 里的蒙版可以让你有选择性地显示图层的一部分，比如说，在一个图片上有圆形蒙版，那么这张图片就只会显示出圆形内部的内容。

看官方的解释就能大致明白这个术语的意思，它相当于一个形状遮罩，遮挡下方的内容后，下方的内容会按照它当前的形状来展示。

Sketch 中提供两种蒙版，一种是 Outline Mask，即轮廓蒙版，让遮罩的内容按照蒙版的形状来展示；另外一种是 Alpha Mask，即透明度蒙版，利用透明度蒙版的颜色透明度来实现对被遮罩内容的处理。图 3-42 所示的是官方给的两种蒙版对比图。

Outline Mask　　　　　　**Alpha Mask**

图 3-42　轮廓蒙版和透明度蒙版的区别

2. 轮廓蒙版的使用

轮廓蒙版的应用场景主要是利用蒙版处理图像的形状，典型的应用是处理社交网络的头像，图像处理前后如图 3-43 所示。下面以圆形头像为例来说明在 Sketch 中是如何操作的。

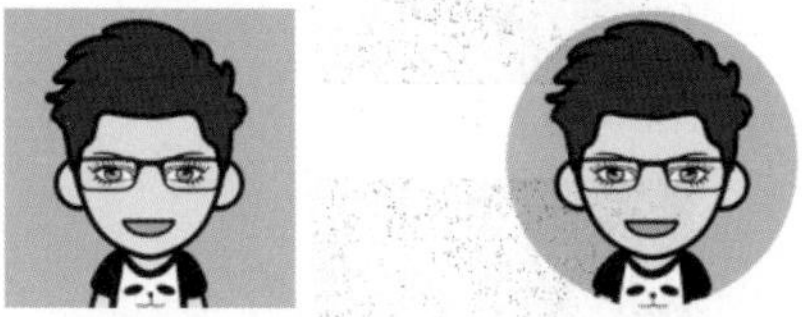

（a）处理前　　　　　（b）处理后

图 3-43　轮廓蒙版头像处理效果图

具体操作步骤如下。

第一步　在 Sketch 中导入想要处理的头像图片，如图 3-44 所示。

图 3-44　导入需要处理的头像

第二步　绘制一个圆形，位于头像图片上方，如图 3-45 所示。需要注意的是，圆形的大小不可超过图像的大小，因为超过遮罩内容后，超出的部分会显示蒙版的内容，失去遮罩的效果。

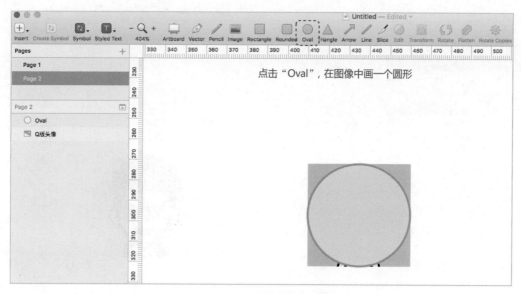

图 3-45　在头像上方绘制正圆

第三步　选中头像图片和圆形，在图像上右击，在弹出的菜单中选择"Mask"选项，如图 3-46 所示。

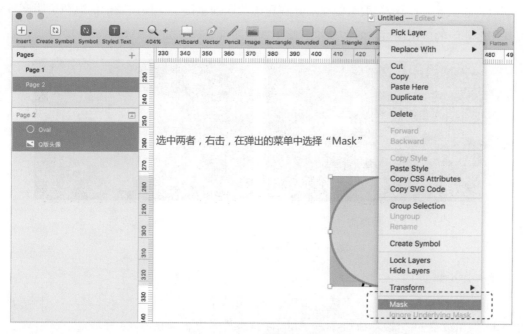

图 3-46　为头像添加蒙版

第四步 如图 3-47 所示，最终得到了一个圆形头像，Sketch 会把蒙版自动编组。

图 3-47   得到蒙版头像

3.透明度蒙版的使用

细心的读者应该发现了，上文中轮廓蒙版的圆形颜色填充和边框都不用进行处理。只是使用了圆形的遮挡效果；而透明度蒙版实质是在轮廓蒙版的基础上，使用圆形的颜色透明度效果，所以透明度蒙版的应用场景是对图像进行简单的透明度处理，如图 3-48 所示。

（a）处理前   （b）处理后

图 3-48   透明度蒙版的处理效果

具体操作步骤如下。

第一步 按照轮廓蒙版的方式先生成普通的蒙版，然后在组合中选中蒙版，再在功能菜单中选择"Layer"→"Mask Mode"→"Alpha Mask"命令，如图 3-49 所示。

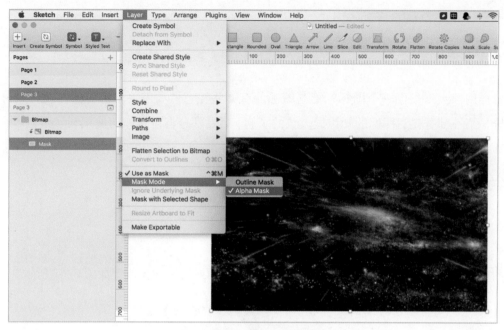

图 3-49　设置蒙版的类别

<u>第二步</u>　变更为透明度蒙版，可以调整蒙版的透明度，对图像进行进一步的处理。选中蒙版，再在检查器 Fills 中单击 Fill 上方的颜色选择器，再调整透明度。如图 3-50 所示。此例模拟了宇宙大爆炸产生的光芒效果，其他效果还有很多，如透明渐变等，需要初学者具体去摸索。

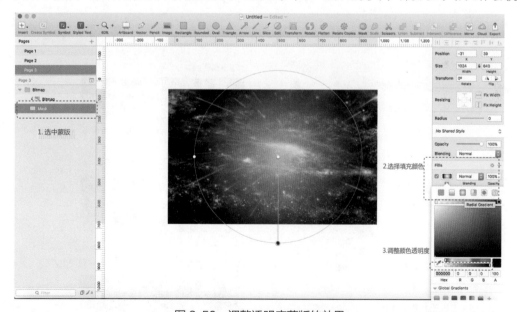

图 3-50　调整透明度蒙版的效果

3.5　图标设计

怎样用 Sketch 绘制一个图标？绘制图标前有哪些注意事项需要了解？图标设计共分为 3 个部分，第一部分先对图标的知识做大致的了解；第二部分将讲解如何使用 Sketch 绘制图标，同时涉及简单的布尔运算；第三部分将讲解如何使用 Sketch 对 SVG 的支持特性和第三方插件，快速完成图标的绘制。

☆重点 3.5.1　认识图标

1. 图标的定义

图标是计算机中的一种图形或符号，一般由线、面或线 + 面构成，如图 3-51 所示。

图 3-51　图标的区别

图标在产品中随处可见，如手机设置项前方的图标、App 中的菜单图标，如图 3-52 所示。

图 3-52　图标在手机中的应用

2. 图标和 LOGO 的区别

很多人会把图标和 LOGO 归为一类，但两者有本质上的区别。图标只是传达想法的一些符号，在产品中并不突出，属于可有可无的部分；而 LOGO 是品牌标识，属于品牌设计中的一部分，它代表的是一种企业理念。

当然，图标也可以升级为 LOGO，LOGO 也可以当作图标来使用，但一般仅限于应用图标，这里就涉及应用图标和功能图标的区别，本文主要针对功能图标的绘制进行说明。下面以谷歌浏览器为例，说明它们之间的差异，如图 3-53 所示。

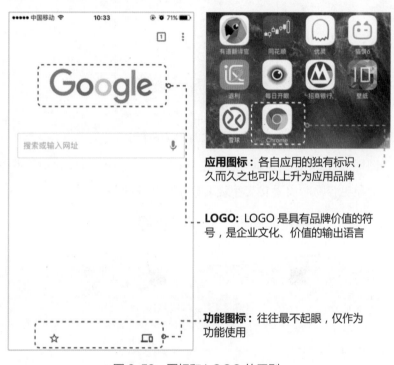

应用图标：各自应用的独有标识，久而久之也可以上升为应用品牌

LOGO：LOGO 是具有品牌价值的符号，是企业文化、价值的输出语言

功能图标：往往最不起眼，仅作为功能使用

图 3-53　图标和 LOGO 的区别

3. 图标的作用

为什么要使用图标？因为图标有直观、美观的特点。直观是指图标很多时候比文字表意更直接，能传达复杂的功能含义，如放大镜图标，能告诉用户代表搜索的含义；美观是指图标在页面中起到点缀的作用，可以让页面看起来不那么单调，也更耐看。例如，支付宝首页基本是由图标+文字组成的，如图 3-54 所示。

图 3-54   图标的实际作用

另外，对于图标直观的用法可以体现在交互说明当中，如针对移动端的手势说明，使用图标能让文档阅读对象更容易明白手势交互效果，如图 3-55 所示。

图 3-55   手势说明图标

3.5.2   图标绘制规范

在动手绘制图标之前，图标绘制规范才是大部分设计师需要恶补的一门课，因为存在部分设计师直接照搬网络图标资源的现象，最终绘出的图标不伦不类。

1. 图标绘制原则

图标绘制应遵循三大原则——简单、寓意、统一，如图 3-56 所示。

（1）简单：图标应尽量使用简单的线条或填充面组成，避免过于复杂。

（2）寓意：图标应贴合现实，从形状上表达出一种寓意，让用户能了解大概含义。

（3）统一：如果为应用设计一整套的图标，那么风格需要统一。

图 3-56　图标绘制原则

2. 图标尺寸

工具教程中，被咨询最多的问题，应该是尺寸问题了，常见的有原型、图标、屏幕尺寸等。以手机 App 为例，如图 3-57 所示，普通图标建议尺寸为 48px×48px 或 64px×64px，一般用于导航栏中；小图标建议尺寸为 24px×24px 或 32px×32px，一般用于显示点赞数、阅读数等辅助小图标中（备注：图 3-57 中，左侧手机截图为缩放后的比例，所以看起来和右侧图标大小不太一致）。

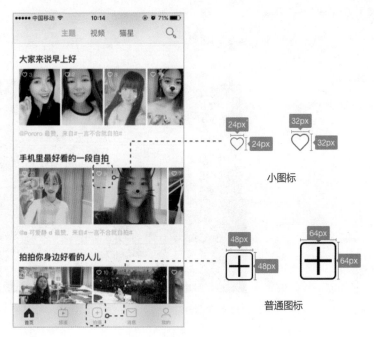

图 3-57　图标尺寸说明

3. 图标参考线

一个图标怎样设计才好看？答案是使用参考线。在参考线内创作，四周留白，如果图标超出留白区域，就会显得图标过大。以经典的谷歌浏览器图标为例，它的应用图标设计完全依照参考线来绘制，同时符合留白法则，如图 3-58 所示。

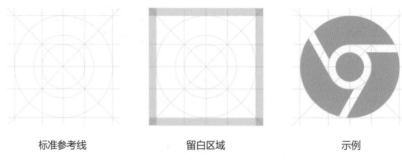

标准参考线　　　　　　　　留白区域　　　　　　　　示例

图 3-58　图标参考线

　　那么，这些参考线是从哪里来的呢？ Sketch 自带 iOS 图标的参考线，设计师可以直接调用，调用路径是在菜单栏中选择"File"→"New From Templete"→"iOS App icon"命令。Sketch 提供的参考线大小是 512px×512px，可以等比缩放为 48px×48px，如图 3-59 所示。

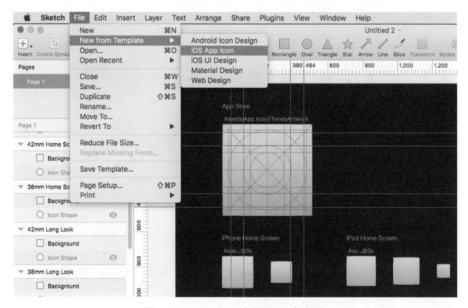

图 3-59　Sketch 中的 iOS 参考线

☆重点 **3.5.3　图标绘制**

本节将讲解如何使用 Sketch 绘制图标及简单的布尔运算。

1. 手绘图标

　　在没有计算机、仅有笔和纸的时代，图标基本是手绘的，讲究的是一笔一画，手绘图标方式如图 3-60 所示。在 Sketch 中，同样可以利用矢量、铅笔工具来达到手绘图标的目的。但是，手绘图标的效率较低，适用于需要花大量时间的 LOGO 创作。

图 3-60　手绘图标方式

2. 形状拼接法

形状拼接法是目前广为流行的一种图标绘制方法，在 Sketch 中，形状拼接法可以分为以下 3 步。

第一步　图标分解。把想要绘制的图标分解为几何形状。通过观察网站或应用的图标可以发现，图标一般由正方形、圆形、三角形等几何图形构成，如图 3-61 所示。

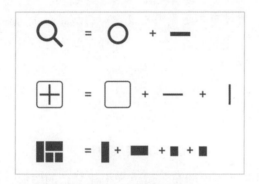

图 3-61　拼接图标示例

所以，仅仅通过第一步，就可以绘制一些简单的图标形状。例如，放大镜图标只需要画一个圆和一个矩形，然后组合在一起即可。

（1）画出一个圆，并设置无填充，调整边框的大小，如图 3-62（a）所示。

（2）画出一个矩形，设置填充，无边框，如图 3-62（b）所示。

（3）将两者组合，矩形设置旋转 47°，如图 3-62（c）所示。

（a）

图 3-62　图标拼接教程

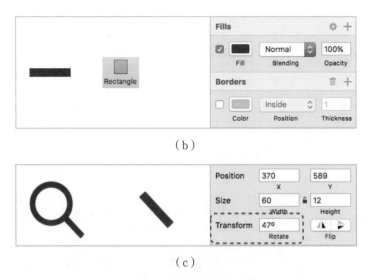

（b）

（c）

图 3-62　图标拼接教程（续）

第二步　图标运算。通过布尔运算得出复杂的图形。对于一些复杂的图形，虽然可以将其分解为简单的几何形状，但是无法通过第一步那样简单的组合得出想要的图标，如心形图标，如图 3-63 所示。

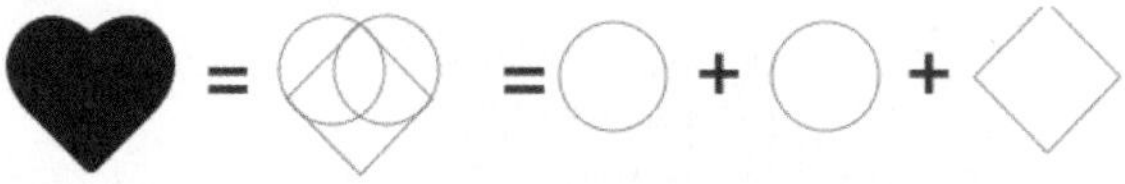

图 3-63　复杂图标分解

这个时候，就需要用 Sketch 中的布尔运算来构建复杂的图形，布尔运算一共有 4 种运算方式，如图 3-64 所示。

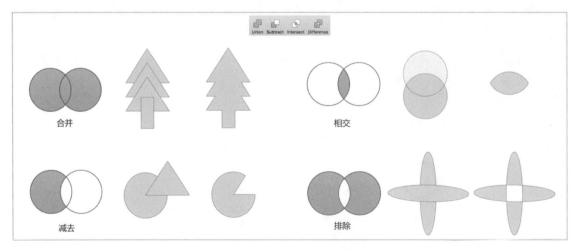

图 3-64　布尔运算介绍

（1）联集（Union）：执行合并后将得到两个形状区域的和。

（2）减去顶层（Subtract）：将上层形状区域与下层形状中的重叠部分从下层区域中挖去，同时只保留下层被挖去后的区域。

（3）交集（Intersect）：取两个形状重叠的部分。

（4）差集（Difference）：将两个形状相交的部分挖去，保留其他部分。

第三步　图标组合。图标组合是在前两步的基础上，对图标进行组合操作，最终得出想要的图标。以心形为例，把圆和正方形组合在一起之后，使用布尔运算的合并操作，即可得到一个心形，具体操作步骤如下。

（1）画出两个大小相等的圆，并设置无填充，如图 3-65（a）所示。

（2）画出一个矩形，设置宽度和高度一致，并且旋转 45°，如图 3-65（b）所示。

（3）把圆形和矩形（正方形）组合在一起，如图 3-65（c）所示。

（4）使用布尔运算的联集（union），并设置填充颜色，如图 3-65（d）所示。

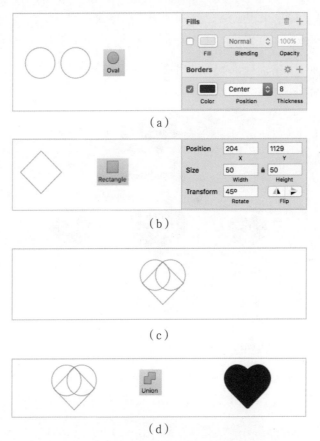

（a）

（b）

（c）

（d）

图 3-65　使用布尔运算绘制心形图标

3.5.4 图标引用

在前面的教程中，大家已经学习了如何熟练运用 Sketch 来绘制一个图标，但是作为交互设计师（伸手党），怎么能自己动手画图呢？并且在概念设计的阶段，把时间花费在绘制图标上，显然时间分配不合理。所以，本节将讲解如何使用 Sketch 对 SVG 的支持特性和第三方插件，快速完成图标的"盗用"绘制。

1.SVG 图形介绍

使用截图、下载等方式将第三方网站图标以图像的格式粘贴到 Sketch 中，以达到图标的引用，可能是大多数人的想法，但是这种方式不支持在 Sketch 中进行二次编辑操作，浪费了 Sketch 对 SVG 的支持特性。在说清楚这个支持特性之前，首先要对 SVG 图形有一定的了解。

SVG 是什么？SVG（Scalable Vector Graphics）是一种可缩放矢量图形，是基于可扩展标记语言（XML）用于描述二维矢量图形的图形格式。SVG 由 W3C 制定，是一个开放标准。

看不懂？没关系，简单来说，SVG 是一种图形的格式，和日常接触的 JPG 或 PNG 等图形格式没有区别，但是它很小，1024px×1024px 的图标仅有 3KB，而且它是矢量的图形，可以支持编辑修改。在 Sketch 中，导入 SVG 图形后，可以对其进行颜色调整、大小变化、形状改变等操作，如图 3-66 所示。

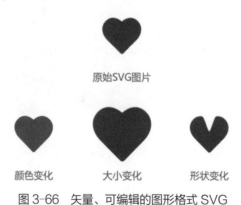

图 3-66　矢量、可编辑的图形格式 SVG

2. 从第三方网站导入 SVG 图形

介绍完 SVG 的特性后，只需要一个第三方图标来源网站了，推荐使用阿里的 Iconfont，其图标的种类齐全，支持直接下载 SVG、AI、PNG 三种格式的图形，如图 3-67 所示。

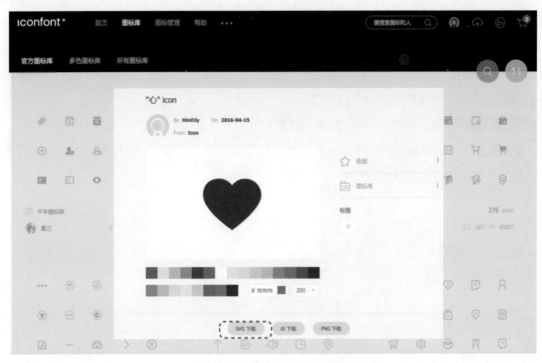

图 3-67　阿里 Iconfont 网站

　　导入 Sketch 之后，就可以对图标进行编辑操作了，如图 3-68 所示。需要说明的是，Sketch 同样支持 SVG 图片导出，修改后的素材也可以保存为 SVG 图片格式，方便再次编辑修改。

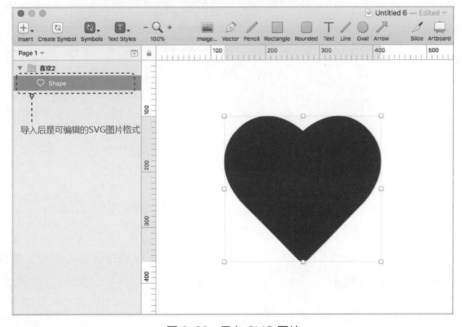

图 3-68　导入 SVG 图片

3. 使用 Sketch 插件导入 SVG 图形

在第 1 章介绍 Sketch 优势时，就知道 Sketch 支持第三方插件，其中当然也包括图标类插件。推荐下载微信团队出品的 WeSketch 插件，它除了内置图标库之外，还支持其他的一些连线、标记功能，插件库的使用方法分为以下 3 步。

第一步　下载 WeSketch 插件。官方下载地址为 https://github.com/weixin/WeSketch。

第二步　安装 WeSketch 插件。安装的方式比较简单，找到 WeSketch.sketchplugin 文件，双击即可完成安装，如图 3-69 所示。

图 3-69　安装 WeSketch 插件

第三步　使用 Sketch 插件。在菜单中，找到 "Plugins"（插件）→ "WeSketch" → "Icon Manager" 选项即可，如图 3-70 所示。

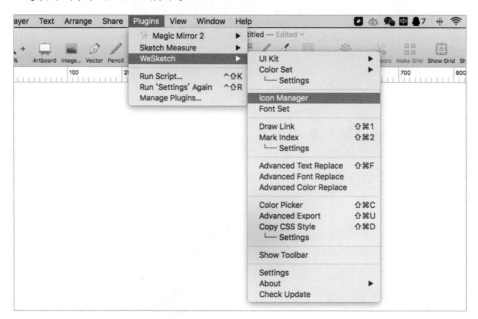

图 3-70　Sketch 插件调用路径

选择 "Icon Manager" 命令后，可弹出图标的选择框，从中选择想要的图标，单击图标可完成插入操作，如图 3-71 所示。

图 3-71　WeSketch 插件图标库

4.WeSketch 语言切换

很多初学者可能对纯英文的工具软件比较抗拒，WeSketch 插件考虑到了这一点，支持语言切换为简体中文。具体设置路径为"Plugins"（插件）→"WeSketch"→"Settings"，在弹出的设置框中将其设置为简体中文即可，如图 3-72 所示。

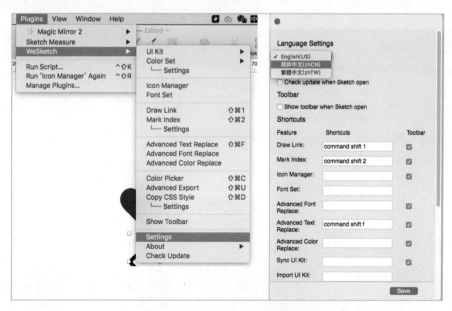

图 3-72　WeSketch 语言设置

3.6 测距和对齐

3.6.1 测距

在 Sketch 中进行设计，对尺寸、间距的把控必不可少。Sketch 中提供比较方便的测距方式，如图 3-73 所示，在拖动图层的时候，就可以看到相邻图层间距的展示；也可以通过选中图层，按住"Option（Alt）"键，然后拖动鼠标将其移动到其他图层，查看两者的间距。选中单个图层，按住"Option（Alt）"键，则可以看到该图层的相对位置。

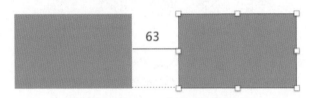

图 3-73   测定图层之间的距离

3.6.2 对齐

Sketch 在工具栏下方，标尺右侧的位置，提供了标准的分布和对齐工具，从左到右分别是水平分布、垂直分布、左对齐、左右居中、右对齐、顶部对齐、上下居中、底部对齐，如图 3-74 所示。

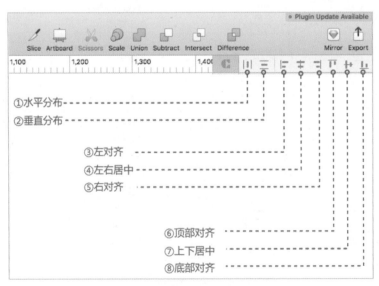

图 3-74   Sketch 对齐工具

◢ 知识拓展

1. 使用 Sketch 完成简单的抠图处理

在实际生活中，总会遇到一些抠图的需求，如把证件的白色背景变成蓝色、把人物从照片中抠出来等，一般都是使用专门的抠图工具进行处理的。那么 Sketch 是否也有抠图的功能呢？答案是肯定的，利用图像处理的魔术棒工具就可以实现简单的抠图处理。

严格来说，在 Sketch 中抠图主要有两种方式。一种方式是利用矢量工具，勾勒需要抠图的轮廓，然后通过添加蒙版的功能把图像"抠"出来。虽然比较精准，但是这种方法太费时费力，不如专门的抠图软件。现在主要学习另外一种方式，下面以一个蓝色背景的头像为例，通过魔术棒工具完成更换背景颜色和抠出头像的效果，如图 3-75 所示。

图 3-75　Sketch 抠图效果

具体操作步骤如下。

第一步　双击图像进入编辑模式，选中魔术棒工具。如图 3-76 所示，双击图像进入编辑模式，并在检查器位置选中"Magic Wand"（魔术棒）工具。

图 3-76　魔术棒工具

第二步　使用魔术棒单击蓝色背景建立选区。可以自动选中蓝色背景的选区，这是由魔术棒智能选中近似元素决定的，如图 3-77 所示。

图 3-77　使用魔术棒建立选区

第三步　单击"填充"工具，选择需要填充的颜色。建立选区之后，单击魔术棒下方的填充工具，选择喜欢的背景色，如紫色填充，就完成了头像背景颜色的更换，如图 3-78 所示。

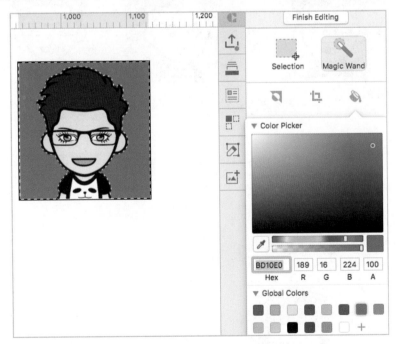

图 3-78　使用填充工具填充颜色

如果只是单纯想把头像抠出来，则在上述第二步完成后，使用"Invert Selection"（反向选取）工具，选区就由蓝色背景变成了头像区域，如图 3-79 所示。

图 3-79　使用反向选取工具

　　然后，再单击"Crop"（裁剪）工具，可把头像"抠"出来，这时，可以看到蓝色背景已经消失了，如图 3-80 所示。

图 3-80　成功地把头像抠出来

2. 界面设计方法 / 交互设计四策略介绍

　　《简约至上：交互设计四策略》一书中详细介绍了界面设计元素组织的方法，一共分为 4 个策略，分别为删除、组织、隐藏、转移，几乎任何界面设计都适用这 4 个策略。

　　（1）删除：去掉不必要的的元素，减到不能再减，如图 3-81 所示。iPhone 正面只有一个 Home 键，其他不必要的按键都删除了。这种删减做法，引来广大手机厂商争相模仿。

图 3-81　iPhone 前面只有一个 Home 键

（2）组织：按照有意义的标准把按钮划分成组。如图 3-82 所示，iPhone 手机设置中，把同类的设置都归在同一个组别，这种做法通常出现在导航组织中。

图 3-82　iPhone 手机设置界面

（3）隐藏：把那些不重要的功能隐藏，避免分散用户的注意力。例如，微信聊天界面，删除、置顶等功能都被隐藏起来，需要左滑或长按才会出现，如图 3-83 所示。

图 3-83 微信聊天界面

（4）转移：只在主要界面或设备里保留最基本功能，将其他控制转移到其他界面、设备或用户里。最典型的就是行程定制，计算机无法为每个不同喜好的用户提供个性化的行程，所以只提供编辑行程功能，剩余的控制转移到用户上。图 3-84 所示的是蝉游记行程界面。

图 3-84 蝉游记行程界面

3. 界面设计方法格式塔原理应用和实践

涉及界面设计，就不得不提及格式塔原理，这是交互设计师和视觉设计师必须掌握的界面设计方法。格式塔理论创始人提出以下 5 项基本法则。

（1）简单：人在观察时，会把各个部分组合起来，形成一个容易理解的整体。

（2）相似：人倾向于把在某一方面相似的各部分组成整体。

（3）接近：人会趋于把距离相近的各部分组成整体。

（4）闭合：人在观察物品时，会把不完整的局部形象当作一个整体的形象来感知。

（5）连续：人会把元素连续向着特定的方向排列，以便把元素联合在一起。

下面将以卡片式短信设计为例，详解其中的相似、接近原则的应用。

（1）传统的短信界面设计。传统的短信界面设计使得用户难以阅读和提取关键信息。以收取验证码为例，传统手机短信的纯文字展示方式，让用户查找关键信息变得困难。虽然通过凸显数字的方式来提示验证码，但是当存在多个数字的时候，验证码也处于"不可见"的状态，如图 3-85 所示。

图 3-85　传统短信界面

（2）卡片式短信设计。卡片式短信界面如图 3-86 所示，短信已经转为一张卡片，卡片上最重要的信息"验证码"最突出，最容易被注意到，阅读并提取关键信息变得更容易，类似设计还有 12306 购票订单提醒、信用卡账单等。为什么卡片式短信从界面设计角度来看表现更佳？原因仅仅是增加了配色吗？并非如此，是格式塔原理在起作用。

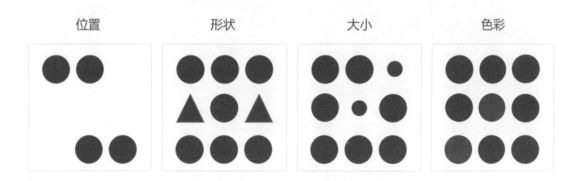

图 3-86　卡片式短信界面

（3）背后的格式塔原理。根据格式塔原理相似、接近的定律，人在观察物体的时候，有分组的倾向，人们倾向于把位置上靠近的物体看成一组，也倾向于把形状、大小、色彩相似的物体看成一组，如图 3-87 所示。

明白这个原理就很容易看出，短信卡片的交互设计是应用了这个原理。如图 3-88 所示，通过分组之后，短信信息更容易被用户看到。

图 3-88   卡片式短信中格式塔原理应用

此外，《认知与设计》一书也指出：当信息以简洁和结构化的方式呈现时，人们更容易阅读和理解。人类的注意力资源十分有限，当用户面对松散无结构的短信时，他是难以阅读和理解的。当短信卡片把这些内容精练并且通过结构化的方式处理后，人们阅读和理解的速度加快了，如图 3-89 所示。

图 3-89   人如何认知

4. 交互设计基本功：设计一个好用的搜索框

搜索框是一种常见的交互控件，用于精准提取海量信息中的准确内容。搜索框几乎存在于所有的网站和 App 中，尤其是以海量内容为导向的产品之中，如音乐库、电商类网站，做好搜索（框）尤其重要。

（1）搜索框的应用场景。搜索框有以下几种细分的应用场景。

① 作为搜索引擎入口。说到搜索，一般人首先会想到的是搜索引擎，如谷歌，而在搜索引擎中，首页十年始终如一的搜索框最深入人心，如图 3-90 所示。反过来说，正是因为搜索引擎巨头的成功，搜索才越发受到重视，搜索框也成为网站或 App 的标配。

图 3-90　谷歌经典搜索框

② 用于查找内容。典型的应用场景，放在网站顶部之类的显眼位置，用于查找网站中的内容，一触即达。图 3-91 所示为网易公开课搜索框。

图 3-91　网易公开课搜索框

③ 用于快速定位。如图 3-92 所示，在 iPhone 手机"设置"中，当设置的选项较多时，通过搜索框进行搜索，可以快速定位到想要的设置项。

图 3-92   iPhone 手机设置搜索框

④ 用于活动推荐。一些电商网站，巧妙利用搜索框中预置的词，可以达到活动推荐的效果，如图 3-93 所示，JD 购物网站搜索框内置"小米笔记本 pro"一词，用户只需点击"搜索"按钮即可直达结果页或活动页面。

图 3-93   JD 购物网站搜索框

（2）搜索框的类别（App）。搜索框不都是放大镜 + 线框组合，还有以下类别的区分，如图 3-94 所示。

① 隐藏式搜索框。只提供一个放大镜图标，需要再点击图标跳转到搜索页面，或需要下拉时才出现，如微信首页的搜索框。

② 普通搜索框。通常固定在页面顶部，包含搜索框的普通要素（放大镜 + 线框）。

③ 有提示搜索框。此类搜索框的特征是中间有提示语，通常这类搜索框都可以复合搜索，如可以搜名称或代码。

④ 含图片搜索框。顾名思义，与普通搜索框相比，增加"以图识图"的搜索功能。例如，淘宝就可以通过上传图片，搜索与图片同类的商品。

⑤ 带语音搜索。语音交互是新的交互热点，相比普通搜索框，带语音搜索框可以明显减轻用户手工输入文字的烦恼，现在语音识别的成功率已经很高了。

⑥ 精准分类搜索。与其他搜索框相比，此类搜索框可以先选择分类，再输入关键词搜索分类后的内容。例如，在商品分类较多但又需要分类检索的时候适用，日常生活中可见超市日用品、食品等分类法。

图 3-94　搜索框类别

（3）搜索框的交互设计（App）。设计一个搜索框，不比设计一个页面简单，甚至可能更复杂。它涉及用户的精准转化，属于看起来简单，但是实现起来复杂的功能之一。

① 样式。使用约定俗成的样式，不要增加额外的"搜索"按钮，巧妙利用手机提供的键盘的自带"搜索"按钮。网易云音乐的搜索框样式如图 3-95 所示。

图 3-95　搜索框样式（网易云音乐）

② 位置。放在页面顶部位置，而不是页面中部，更符合用户的认知习惯，如图 3-96 所示。

图 3-96　搜索框位置（App Store）

③ 搜索过程及状态。如图 3-97 所示，搜索框搜索的过程共分为 4 种状态：默认、获取焦点、输入中、结果展示。交互设计的工作就是要清晰展示各种状态对应的反馈及具体页面细节呈现。

默认状态：默认展示搜索提示词。

获取焦点：跳转到搜索页，并展示热门候选词、最近搜索记录。

输入中：根据输入的内容展示联想结果，如果候选词包含在多个分类中，还需要提供分类展示页面，例如，烟花可能是一个歌手的名字，还有可能是一首歌曲的名称。

结果展示：用界面或文字描述按照何种排序规则展示结果，如何展示。

图 3-97　搜索状态（网易云音乐）

④ 搜索结果。如图 3-98 所示的 4 个要点能让搜索结果更专业，也能体现交互设计师在细节方面的把控能力。

给用户想要的预期结果：用户搜索的目标就是想得到预期需要的东西，搜索结果要符合用户预期，最吻合的结果排在最前面。

保留用户输入：保留用户输入的内容，就像记住朋友的名字一样，这是最基本的礼节。

自动纠偏：当年搜狗输入法其中一个制胜点就是自动纠正用户输入的错误拼音，给出和错误拼音最贴切的（正确）结果。搜索结果同理。

无结果提示：需要提示用户输入的内容无结果，比"无结果"更好的方式是"给用户推荐其他内容"。例如，在图 3-98 中"无结果"提示语下方可以根据用户喜好或当下热门推荐一些歌曲。

图 3-98　搜索结果（网易云音乐）

最后，请思考一个问题：为什么带语音或图片搜索的按钮通常放在搜索框的最右侧，而不是最左侧？

实战教学

本章一开始介绍了界面设计的理论，并快速搭建了一个简陋的首页，然后详细讲解了图像、图标等界面元素的处理方法，下面以首页的细化改造为例，在改造过程中重温图像和图标的处理知识。这个案例涉及的知识点包括图像的处理（含蒙版）和图标的制作。其教学案例的效果图（右侧）如图 3-99 所示。

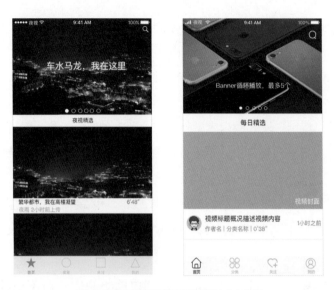

图 3-99　首页改造后效果图（右侧）

对比首页改造前后的效果，一是首页的图像得到了优化，替换了广告图，增加了圆形头像；二是搜索、菜单等 5 个图标都重新绘制了。首先是图像的优化处理，比较简单，其具体操作步骤分为以下 4 步。

第一步　找到图像的素材，即原始的广告图及头像，导入 Sketch 中，如图 3-100 所示。

图 3-100　导入原始图像

第二步　将图像调整为适当的大小，广告图宽度变为 375px，如果高度不合适，可以双击图像，使用 "Crop" 工具，裁去多余的部分；同理，头像变为 44px×44px。在调整图像大小前，单击检查器 "Size" 中间的小锁图标锁定，即可锁定宽和高的比例，如图 3-101 所示。

图 3-101　调整图像的大小

第三步　调整图像的颜色，将其变为黑白，这是避免图像的色彩过于艳丽，对视觉设计师造成困扰，以致难以抓住页面的重点。调整方法是，选中图像，并且将检查器"Color Adjust"选项区域中的"Saturation"设置为 0，如图 3-102 所示。

图 3-102　调整图像的颜色

第四步　将方形头像变为圆形头像，先用圆形工具（按"O"键）在头像上方画一个 44px×44px 的正圆形，然后按住"Shift"键选中头像及圆形，在弹出的快捷菜单中选择"Mask"选项，即可得到一个圆形头像，如图 3-103 所示。至此，图像的处理已经完成。

图 3-103　为头像添加 Mask（蒙版）

接下来是图标的处理，需要制作、完善 5 个图标，下面将对图标的制作过程进行讲解。

1. 搜索图标

搜索图标的制作比较简单，使用圆形工具（按"O"键）拉出一个正圆形，使用圆角矩形工具（按"U"键）拉出一个小矩形，并设置好填充和边框颜色；然后在检查器中将圆角矩形的"Rotate"设置为"-40°"；最后将正圆形和圆角矩形摆放好位置，选中两者并进行布尔运算"Union"，即可得到搜索图标，如图 3-104 所示。

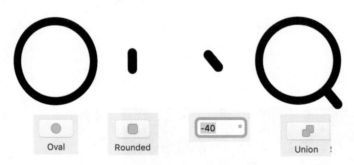

图 3-104　搜索图标制作过程

2. 首页图标

"小房子"图标已经成为大多数 App 首页的象征，夜视 App 也一样，首页图标的构造相对复杂一些，下面将分 3 步进行讲解。

第一步　使用三角形工具拉出三角形，使用圆角矩形工具拉出一大一小两个圆角矩形，如图 3-105 所示。

第二步　双击三角形进入编辑模式，将顶点变得圆润，在检查器中拖动改变"Corners"的值，在 Sketch 中可以对任意编辑点做圆角处

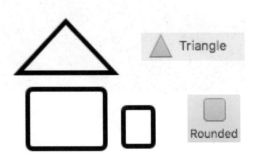

图 3-105　画出三角形和圆角矩形

理;用剪刀工具剪去多余的边;再次进入编辑模式,打开"Borders"→"设置"→"Ends"路径,将端点修饰为圆头,如图 3-106 所示。

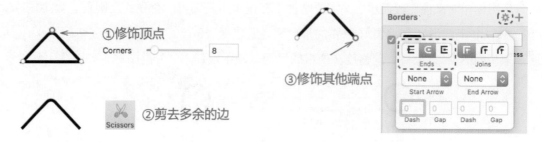

图 3-106　对三角形进行修饰处理

第三步　参考三角形的处理方法,对大矩形下方的两个端点进行处理,在检查器中拖动滑块改变"Corners"的值;用剪刀工具剪去多余的边,如图 3-107 所示。

图 3-107　对大矩形进行修饰处理

第四步　使用布尔运算工具"Union"把处理后的图形联合起来,出现了奇怪的形状,这时在图层中将布尔运算属性设置为"None"即可,如图 3-108 所示。

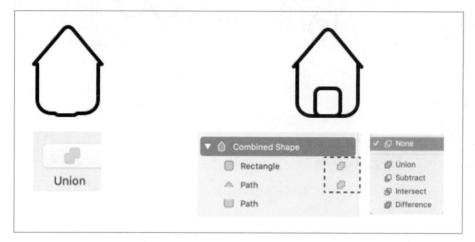

图 3-108　在图层中对图形进行处理

3. 分类图标

分类图标相对来说比较简单，只需要掌握旋转副本工具即可。首先使用圆形工具（按"O"键）拉出一个正圆形，并编辑好想要的形状；然后选择"Rotate Copies"（旋转副本）工具，复制 3 个相同的图形；最后，调整旋转副本的手柄，即可得到一个分类图标，如图 3-109 所示。

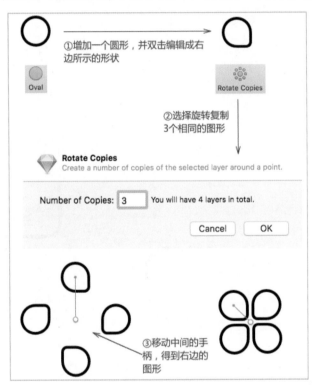

图 3-109　分类图标制作过程

4. 关注图标

关注图标的重点是怎样把心形画出来。在 3.5 节图标设计中就提到了心形的画法，回顾一下：把两个圆形和一个菱形组合在一起，进行布尔运算可得到一个心形，然后用剪刀工具剪去多余的部分，修饰端点；后面的事情就比较简单了，只需要和矩形组成的十字架组合，如图 3-110 所示。

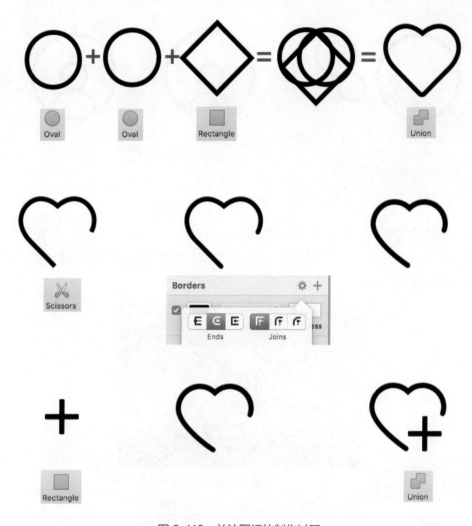

图 3-110　关注图标的制作过程

5. "我的"图标

做完其他图标，"我的"图标就变得简单了，实际上就是 3 个不同大小的圆组成的图形。使用圆形工具（按"O"键）拉出 3 个正圆形，然后叠加在一起，再用剪刀工具剪去中间圆多余的线条，最后进行布尔运算即可，如图 3-111 所示。至此，首页的图标也制作完成，当然，这仅仅是交互设计应用层简陋版本的图标绘制过程，真实的视觉图标设计远不是这么简单。

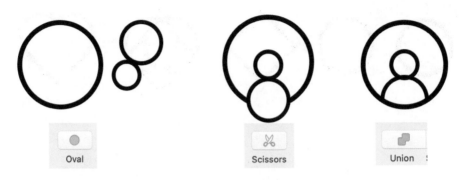

图 3-111　"我的"图标的制作过程

　　最后，用新首页需要的界面元素替换旧首页即可得到一个全新的首页，如图 3-112 所示，状态栏建议使用 Sketch 自带的状态栏即可，不需要额外花时间再去重新整理一套，而且未必有系统自带的漂亮。

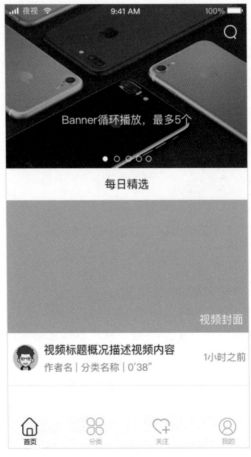

图 3-112　全新首页制作完成

动脑思考

1.为什么每个设计师都应该懂得栅格布局原理?

2.图标和 LOGO 有什么区别?

3.什么是好的界面设计?

 动手操作

1.用栅格的原理分析一个常见的 Web 网站，看是否有遵循栅格规范。

2.用 Sketch 绘制一套常用的图标。

3.学习图像的处理方法，制作一些有趣的表情包。

第④章　高级运用

在 Sketch 中，一定要学会快速复制的技巧，提高原型设计的效率。一款被 Sketch 官方长期推荐的插件——Craft，能大大提高设计师的复制水平。

Symbol 是 Sketch 能作为交互设计工具使用的核心功能，Symbol 能被多个页面重复引用。在 Symbol 中修改样式，其他页面也会同时被修改，能满足页面迭代修改的需要。

Styled Text 是类似于 Symbol 但又区别于 Symbol 的功能，可以把 Styled Text 理解为一个样式库。它一般用作定义字体、颜色两种项目中常用的样式，可以在任何页面引用，但是引用的方式和 Symbol 有所不同。

在细节的处理上就可以看出交互设计师的水平层次，有经验的交互设计师，会更注重细节性的设计。本章将从交互边界、特殊状态和场景设计 3 个层次，深入剖析细节设计。

"夜雨，项目进度那么赶，在 Sketch 中画原型能快一点吗？"

"问得好，Sketch 还有高级模式，开启 Symbol 等隐藏属性能大大提升原型设计效率。"

4.1　快速原型设计

原型设计要快，"Copy"（复制）是一门必须掌握的技术，在 Sketch 中，既可以使用自带的快键键进行复制，也可以安装使用第三方插件进行"复制"。

4.1.1　快速复制

设计师在绘制原型时，往往会遇到重复的元素需要不断复制的情况，除了通过传统的复制（按"Command+C"组合键）、粘贴（按"Command+V"组合键）之外，巧妙利用 Sketch 自带的快速复制方法，可以事半功倍。以首页的 Banner 定位小圆点为例，需要复制数个重复样式的小圆点，则可以使用这个小技巧，具体操作步骤如下。

第一步　首先需要画出一个小圆点，选中小圆点后，按住"Option（Alt）"键，将鼠标往右拖动复制一个小圆点。

第二步　按下"Command+D"组合键，即可复制一个相同的圆点，并且可以使新复制的小圆点的水平位置与前面的小圆点保持一致，且间距都设置好了，如图 4-1 所示。

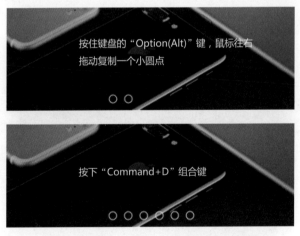

图 4-1　使用"Cmd+D"组合键快速复制

如果在第一步中拖偏了，会导致重复复制的元素出现偏移。在这种情况下，利用 Sketch 的对齐和分布工具即可，在检查器右上角即可看到，如图 4-2 所示。

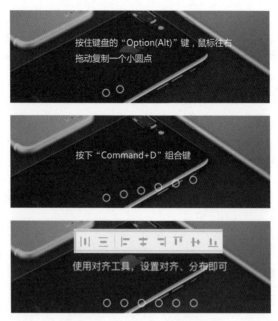

图 4-2　使用分布、对齐工具

　　快速复制的方法不仅针对单个元素的复制，多个元素组合起来，同样可以使用。例如，需要复制整个 Banner 时，把所有元素选中，然后采用和单个元素相同的操作流程，即可达到快速复制的目的，效果如图 4-3 所示。

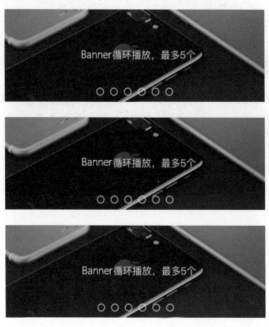

图 4-3　使用"Cmd+D"组合键复制组合内容

4.1.2 批量复制

通过上文介绍的快速复制方法，能应付大多数的元素复用的情况，但它的缺点也比较明显：只能往列或行的单一方向填充。如果要做到控制行和列自动填充内容，就必须用到一款被 Sketch 官方长期推荐的插件——Craft。它的主要功能包括智能数据填充、智能批量复制和样式库 3 种，而且同时支持 Sketch 和 Photoshop，可以说是非常普适的。下面将重点介绍在日常的使用当中用得比较频繁的两个功能：智能数据填充和智能批量复制，在最后，还会介绍其安装教程步骤，因为网上的安装教程省略了其中关键的步骤，容易导致安装不成功。

1. 智能数据填充

真实用户上传的视频封面和设计稿精心设计的视频封面有很大的差异，在设计稿中体现的美感可能会在真实的使用环境中变得惨不忍睹。所以，在绘制原型时，可以适当加入真实数据，力求还原最接近真实线上环境的情况。

Craft 支持智能填充图像和文本，可以满足虚构真实数据的需要。以图像为例，先用矩形、圆形或其他形状工具勾勒一个形状，再选中"Photos"中的"Beach"（海滩）、"Kids"（儿童）、"Nature"（自然）等类别填充即可，如图 4-4 所示。图像的来源也可以是"Folder"（本地图库）或在线的"Dropbox""Unsplash"网站。

图 4-4 使用 Craft 填充图像

　　文本的填充方式同理，选中文字，再选择"Type"选项卡，即可填充随机文本，包括"Names"（姓名）、"Article"（标题）、"Email"（邮件）等类型，如图 4-5 所示。

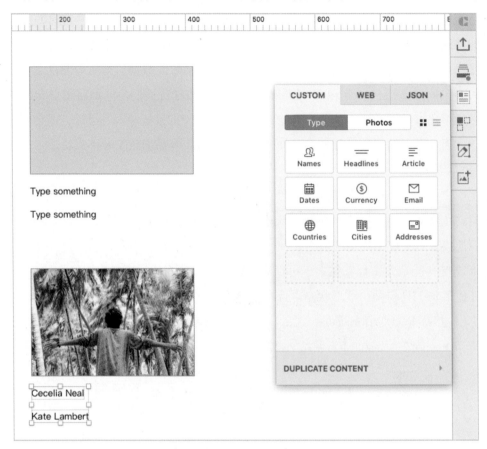

图 4-5　使用 Craft 填充文本

2. 智能批量复制

　　这个功能可以批量复制重复的元素，并且支持设置行列个数、行列间距，结合智能填充，一份高保真的列表页面就产生了。操作步骤是：选中一个或多个图层，如图 4-6（a）所示；设置需要复制的行列、个数、间距，单击"Duplicate Content"（复制内容）按钮即可，如图 4-6（b）所示。

（a）

（b）

图 4-6 使用 Craft 批量填充

3.Craft 插件安装教程

第一步 下载安装包。官方下载地址为 https://www.invisionapp.com/craft。网盘下载地址（推荐）为 https://pan.baidu.com/s/1bpzY003。官方下载如图 4-7 所示，需要输入邮箱地址，然后单击"GET CRAFT NOW"按钮即可，推荐使用网盘下载安装。

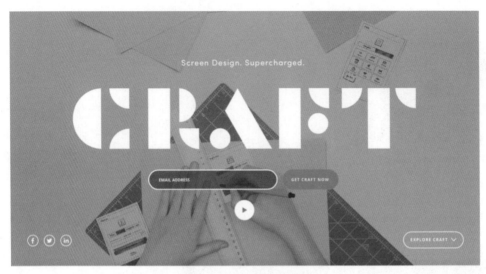

图 4-7　Craft 插件官网

第二步 安装 Craft。以网盘下载的文件为例，首先需要安装"Craft Manager"这个程序，"Craft Manager"是管理这个插件的一个应用程序，含更新插件功能。双击"Craft Installer"图标，按照提示安装到应用程序中即可，如图 4-8 所示。

图 4-8　Craft 安装包

然后，双击"Panels.sketchplugin"文件进行安装，如图 4-9 所示。

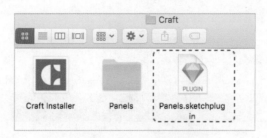

图 4-9   Craft 插件安装

网上大部分的教程只介绍到这一步，这个时候，打开 Sketch，没有显示任何的图标。因为缺少了最后关键的步骤，把文件夹"Panels"中的文件复制到"Sketch"→"Panels"文件夹中，其操作步骤如下。

第一步   找 到 "Sketch" → "Panels" 文 件 夹 的 路 径。选 择 "Plugins" → "Manage Plugins"选项，弹出管理插件的界面，如图 4-10 所示。

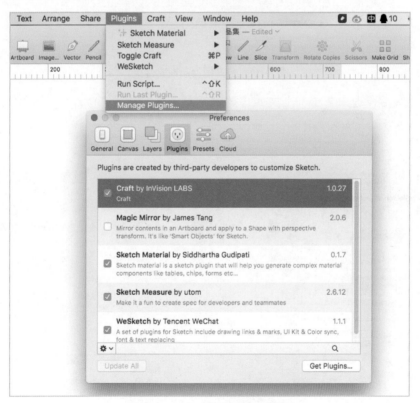

图 4-10   Sketch 插件管理界面

选中任意一个插件，然后单击"设置"图标，并选择"Reveal in Finder"（在文件夹显示）选项，如图 4-11 所示，即可打开"Plugins"文件夹。"Plugins"一般和要找的"Panels"文件夹同级。

图 4-11　打开插件所在文件夹

　　打开文件夹后，选中任意一个文件，显示简介，即可看到"Plugins"文件夹的路径，一般是"资源库"→"Application support"→"com.bohemiancoding.sketch3"，如图 4-12 所示。

图 4-12　查看插件文件夹地址

　　第二步　找到"资源库"文件夹。在 Mac 系统中，"资源库"文件夹是隐藏的，可以通过打开 Finder 界面，单击"前往"按钮，按住"Option"键，即可看到"资源库"选项，如图 4-13 所示。

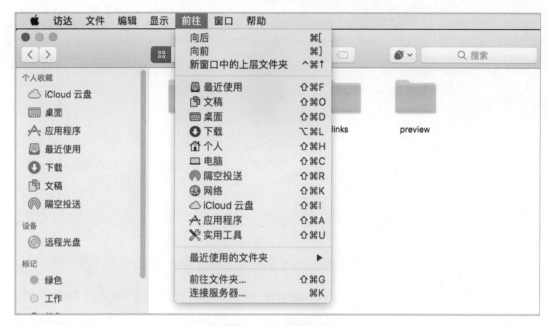

图 4-13 前往资源库

第三步 把安装包的"Panels"中的文件复制到 Sketch 中的"Panels"文件夹。按照路径 "资源库"→"Application support"→"com.bohemiancoding.sketch3"找到"Panels"文件 夹，复制安装包的"Panels"中的文件到该文件夹中即可，如图 4-14 所示。（如果路径中没有 "Panels"文件夹，则把整个文件夹复制过去，注意要和"Plugins"文件夹的路径相同。）

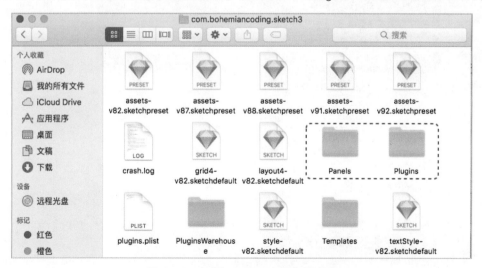

图 4-14 复制 Panels 文件夹的内容

第四步 至此安装完成，其界面如图 4-15 所示。

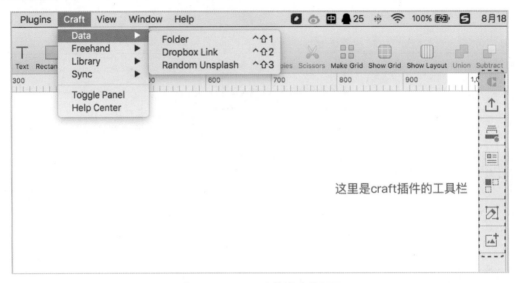

图 4-15　Craft 安装成功的界面

另外，需要注意：安装"Craft Manager"后，可以在管理面板更新 Craft 插件；此外，"Craft Manager"默认开机启动，如果不想该应用开机启动，可以单击"设置"图标，选择"Preferences"选项，取消选中"Launch Craft Manager on startup"复选框即可，如图 4-16 所示。

图 4-16　Craft 管理界面

4.1.3　一级页面设计

通过之前已经学习的方法，大家已经基本具备了使用 Sketch 绘制原型页面的能力，所以，这一次就可以把项目的 4 个一级页面绘制出来，分别是"首页""分类""关注"及"我的"。在这个环节，只需要牢记项目的需求，以及重温形状、文字、图像、图标的知识即可，其最终页面设计效果如图 4-17 所示。

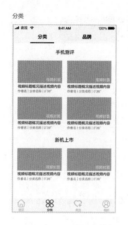

图 4-17　夜视框架页面设计

4.2　归类整理

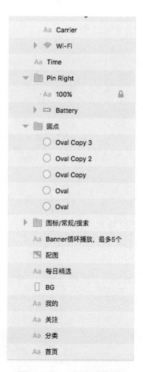

归类整理就是把物品进行分类并摆放整齐，这样，不仅使其变得整齐美观，也方便对物品进行快速查找。同样，在设计当中，设计师也要学会把图层、页面、文档等内容归类整理好，整齐美观的同时也方便查阅修改，养成良好的工作习惯。虽然前面已经完成了一级页面的设计，但是还欠缺归类整理这一步，所以看起来的图层还是比较凌乱的，如图 4-18 所示。

☆重点 4.2.1　图层整理

"某设计师交付的图层一团乱麻没有进行分组整理，怎样在成千上万个图层中快速找到一个 1 像素的细节？气得想砸计算机"——这是日常工作中设计师遇到图层未整理时最真实的写照。对图层整理也是一种设计过程，它包括了对图层结构的

图 4-18　凌乱的图层

思考、对冗余图层的删除等，大大节约了迭代修改的时间。图层整理可以分为两个步骤，首先是图层的命名，然后是图层的分组。

1. 图层命名

举例来说，同样是矩形图层，但在页面中的表现一个是按钮，一个是背景，这时就可以分别为图层命名为按钮、背景，如图 4-19 所示。

图 4-19　图层命名

2. 图层分组

同样以上述的"退出登录"按钮为例，矩形按钮和"退出登录"文字都属于按钮的一部分，这时就可以把两个图层归为同一组。选中两个图层后，右击图层区域，在弹出的快捷菜单中选择"Group Selection"选项即可，然后，给分组命名为"图标"，即完成了简单的图层整理，如图 4-20 所示。

图 4-20　图层分组

☆重点 **4.2.2 页面整理**

页面整理实质是图层整理的一部分，按照页面的内容对图层进行分组。例如，一级页面中包括"首页""分类""关注"及"我的"4 个页面，那么就可以把其中页面中的所有图层选中，归为同一个组，整理后的效果如图 4-21 所示。

图 4-21 页面整理

☆重点 **4.2.3 图层查找**

图层整理好之后，通过图层结构查找内容会相对容易很多。例如，需要查找首页的搜索图标，就可以展开首页的分组，找到搜索的图标即可。选中图层后，页面中的元素会有框选样式提醒，如图 4-22 所示。

图 4-22 图层定位

如果图层数量过多，通过这样的展开方式查找就会耗费更多的时间。如果知道图层的名称，则可以使用搜索的方式进行查找。搜索图层的功能放置于图层区域下方，在搜索框中输入图层的名称即可搜索。如图 4-23 所示，输入"搜索"后，图层匹配到了搜索结果，并在右侧框选中搜索的图标。

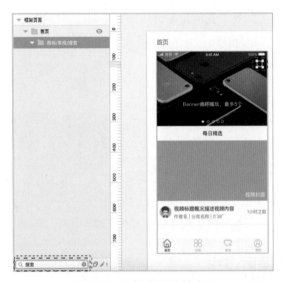

图 4-23　图层名称搜索

图层搜索框右侧有两个图标，分别代表两种图层，一种是正常的图层，另一种是"Slice"（切刀，用于框选图层导出区域的工具）图层，并且标记了 Slice 图层的数量，如图 4-24 所示。通过单击这两个图标还可以切换到相应的图层。

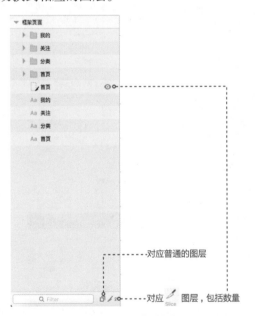

图 4-24　图层过滤

4.3 原型演示

原型演示就是将已经制作好的原型展示给大家，收集大家对原型的改进建议，这个步骤非常重要，而且需要尽可能地提前，越早验证原型的可行性，后面原型的改动量就越小，设计方向变动的可能性也更小。Sketch 支持通过局域网或手机演示原型两种方式展示原型。

4.3.1 Sketch Mirror

完成一级页面制作后，项目 App 的核心功能及具体页面布局已经出来了，这个时候要验证自己想法的可行性，最好的方法就是找到项目组成员及利益相关者，把现在的设计方案发送过去，邀请他们给予相应的建议。与打包文件发送相比，Sketch 提供了更简单的原型演示解决方案——Mirror，支持通过生成 IP 地址的方式把现成 Sketch 设计方案发送出去。

Mirror 的使用建立在两个基本前提条件下：一是需要共享的内容都体现在 Sketch 的画板（Artboard）中，二是所有团队成员需要在同一个局域网环境中。满足以上两个条件，就可以通过 Sketch 工具栏中找到 "Mirror"，然后单击它即可生成一串 IP 地址，把这段地址复制，发送给团队成员即可，如图 4-25 所示。

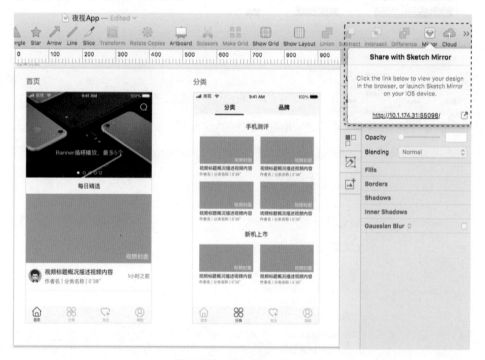

图 4-25 Sketch Mirror

当然，也可以单击该地址，在自己的浏览器中打开，实时预览设计稿，并对其中的不足之处进行改动。打开后的页面可以看出是按照页面（Pages）、画板（Artboard）的方式进行组织的，如图 4-26 所示，这时可以通过单击具体某个画板（Artboard）放大查看，也可以通过顶部切换到相应的页面（Pages）进行有针对性的查看。

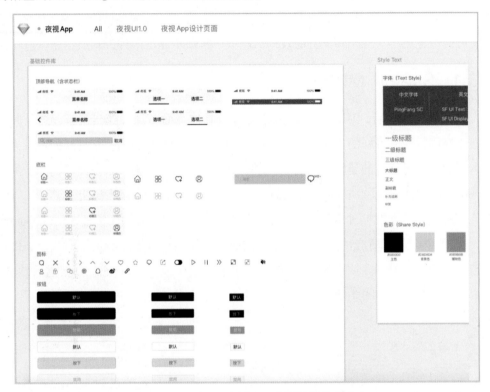

图 4-26　Sketch Mirror 在浏览器的表现

最后，值得注意的是，其他人打开 IP 地址后，需要发送者本人在 Mirror 中选中小圆圈（Connect）才可以连接成功，否则打开的页面会提示"Awaiting connection"，如图 4-27 所示。

图 4-27　Sketch Mirror 链接设置

4.3.2 Sketch Mirror for iPhone

通过 Sketch 自带的 Mirror 工具，可以很轻松地在计算机上进行预览，但是要开发的属于手机端项目，在手机上进行预览的效果更佳。在 Sketch 中，只需要在 App Store 下载官方的 Mirror 应用即可，该应用的图标和 PC 端的图标一致，不要下载错了。

App 版本的 Mirror 使用同样需要做两方面的准备：一是 App 版本的 Mirror 和 PC 版本的 Sketch 都更新为最新版本，二是手机与计算机保持在同一个局域网，或两者通过数据线进行连接。实测证明，通过数据线连接会更靠谱一些。

下载完成后，首先打开 App 版本的 Mirror，如图 4-28 所示，提示需要通过 Wi-Fi 或 USB 进行连接。

选择最稳妥的 USB，即数据线的方式，把手机与计算机连接在一起。这个时候，软件页面自动发生了变化，展示了 Sketch 中的画板内容，如图 4-29 所示。单击某个画板，即可放大已经设计好的页面进行查看。

图 4-28 手机 Mirror 主界面

4.3.3 需求验证

原型演示只是过程，但不是最终目的，原型演示的目的是需求验证，期望与产品目标相匹配、验证技术可行性及探索视觉风格设计。在项目初期，要正视需求验证的重要性，尽可能以最小的代价发现产品的不足，因为不足发现得越晚，改正的代价越高。

所以，原型演示一般由交互设计师发起，受众至少包括产品经理、技术负责人及视觉设计师。团队所有成员可就目前的原型设计稿、早前的场景故事及流程图综合衡量后给出修改意见，交互设计师在收到反馈后，及时调整设计方案，可以显著降低试错成本，有利于项目的快速迭代推进。

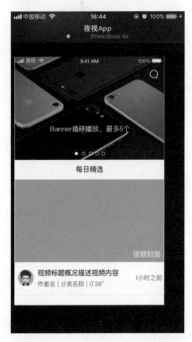

图 4-29 手机 Mirror 原型演示

4.3.4 二级页面设计

框架（一级）页面通过验证，各方意见达成一致后，就可以着手准备二级页面的设计。这时面临一个事实是，二级页面的量是一级页面的几倍，甚至是几十倍。即使可以通过快速复制的方法把所有的二级页面设计出来，但是后续维护时也可能会面临这样的难题：按钮的样式领导说不喜欢，要换成蓝色的，需要把所有用到该按钮样式的页面全部更新一遍。Sketch 中有没有一种批量修改的方式能解决这样的难题呢？答案是肯定的，下面即将接触到的 Symbol，就是为解决这种场景难题服务的。

4.4 Symbol（组件）

可以说，Symbol 是 Sketch 能作为交互设计工具使用的核心功能，毕竟交互设计比视觉设计的页面量级更多，且需要兼顾到所有的细节，每处改动都是牵一发而动全身。在页面设计中加入 Symbol，可以实现批量引用、批量修改的功能。

☆重点 4.4.1 Symbol 的介绍及应用场景

1.Symbol 的介绍

Symbol 译作"组件"，它是一种特殊的组，能被多个页面重复引用，在 Symbol 中修改样式，其他页面也会同时被修改，Symbol 是 Sketch 能用于原型设计的核心功能。它的功能与 Axure 中"母版"的功能类似，但是它的应用在某种程度上比 Axure 的母版更方便。

2.Symbol 的应用场景

Symbol 特性是能被重复引用，能批量修改并生效到所有页面。产品中部分元素经常会重复出现在多个页面中，如菜单、搜索框、登录头像等，可以提取出来将其创建为 Symbol，并应用到以下 3 种常见场景当中。

场景 1：交互设计需要制作多个页面，每个页面都要用到相同的控件，如相同的菜单。

传统处理方式：复制粘贴，效率低。

Symbol 用法：用 Symbol 代替复制粘贴，先创建好 Symbol，再在每个页面复用 Symbol，如图 4-30 所示。

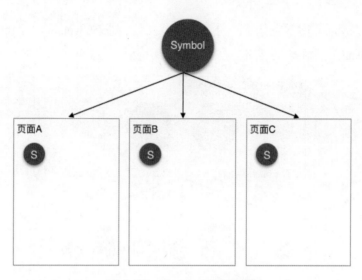

图 4-30　Symbol 应用场景 1

场景 2：页面某个控件样式有变化，涉及多个页面的改动，如菜单底色变化。

传统处理方式：每个页面修改一遍（真实项目经历：一个菜单变化，使用 PS 的视觉设计师把 100 多个页面全部调整了一遍）。

Symbol 用法：在 Symbol 中进行修改，所有页面同步生效，如图 4-31 所示。想象一下，如果 Axure 没有母版功能，效率会下降多少？

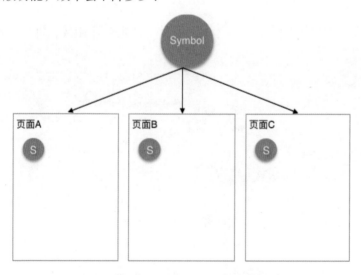

图 4-31　Symbol 应用场景 2

场景 3：提供一份最新的、完整的视觉设计规范。

传统处理方式：先制作页面，再从页面中提取规范内容，形成规范文档，如果页面有新的规范，则需要更新到设计规范中，结果往往是更新不及时。

Symbol 用法：Symbol 库本身就是一份设计规范文档，维护 Symbol 等于维护规范文档，还能同步更新所有页面，如图 4-32 所示。

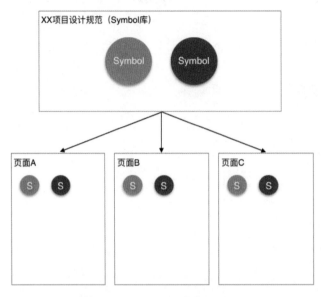

图 4-32　Symbol 应用场景 3

☆重点 **4.4.2　Symbol 基础教程**

以一个资料卡（图 4-33）为例，具体介绍在 Sketch 中怎样创建、维护、应用 Symbol，体验 Symbol 的强大功能。

图 4-33　Symbol 案例资料卡

1. 创建一个 Symbol

首先以最小单位来创建一个 Symbol，如头像，先在画布上画好头像，然后右击头像，在弹出的快捷菜单中选择 "Create　Symbol" 选项，在弹出的框中输入 Symbol 的名称即可，如图 4-34 所示。

需要注意的是，Symbol 的名称输入尽量使用英文，因为如果在组件名中加入了斜杠 "/"，

Sketch 会将它视为组的分隔标识。分组能方便地复用 Symbol（后面详述），且组件始终是按照字母顺序排列，而不是按照创建时间排列，方便维护 Symbol。

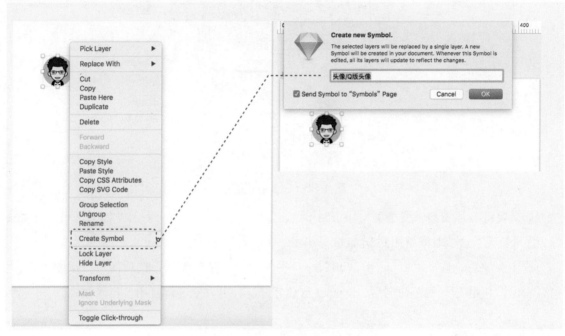

图 4-34 创建 Symbol

为了方便讲解，将第一个 Symbol 命名为"头像 /Q 版头像"，分在"头像"组，其他 Symbol 的创建同理。创建完成后，得到图 4-35 所示的基础 Symbol 库，其中各 Symbol 的命名规范有以下 3 种。

（1）头像组：头像 /Q 版头像；头像 / 美女头像。

（2）文字：文字 / 黑色；文字 / 蓝色；文字 / 灰色。

（3）背景：背景 /Q 版背景；背景 / 美女版背景。

2. 复用一个 Symbol

如图 4-36 所示，把创建好的 Symbol 组合成一个资料卡，就完成了 Symbol 的复用，使用相同的方式，可以在多个页面复用。

图 4-35 规范 Symbol 命名

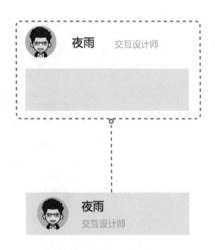

图 4-36　Symbol 复用

如果要将 Q 版资料卡变为美女版资料卡，还要用上面的方式组合一遍？如果是只替换"头像 / 背景"呢？这个时候就用到 Symbol 分组了。

选中头像后，选择"Replace With"→"头像"→"美女头像"选项即可，从图 4-37 也可以看出，利用"/"规范命名后，Symbol 自动分好组，更方便进行复用替换操作。

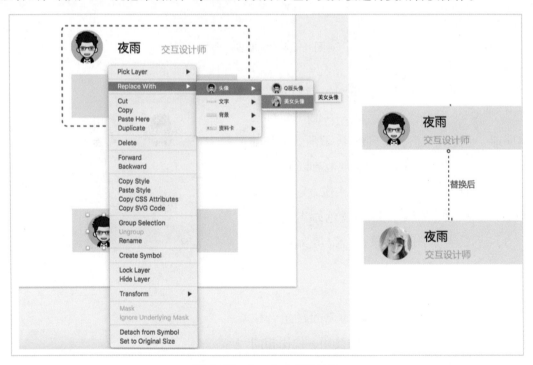

图 4-37　Symbol 替换效果

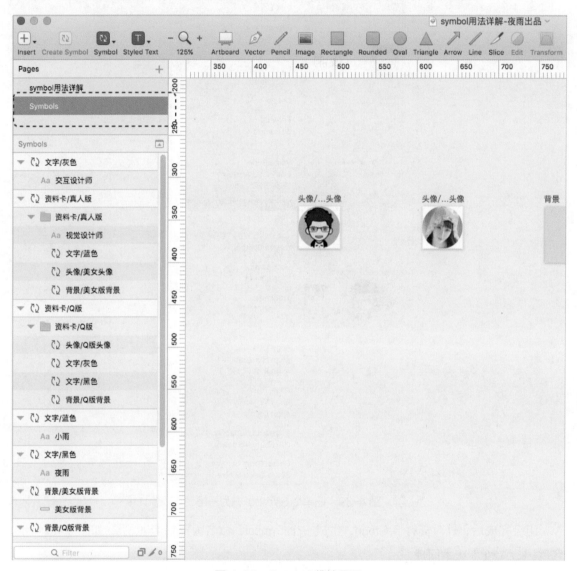

3. 维护 Symbol

在页面中双击任意 Symbol，或单击"Pages"下方的"Symbols"，可以进入 Symbols 页面，如图 4-38 所示，直接对 Symbol 进行更改即可，所有更改会在复用的页面生效。

图 4-38　Symbol 维护界面

☆重点 ☆难点 4.4.3　Symbol 嵌套教程

随着 Sketch 39、Sketch 41 两次重大的版本更新，Symbol 新增的嵌套功能变得更加强大了，还是用上述的资料卡做例子，来看看怎样实现资料卡的整体替换、局部替换。

1. 制作嵌套 Symbol

把制作好的资料卡进行组合选取（Group Slection），里面包括多个 Symbol，如图 4-39 所示。

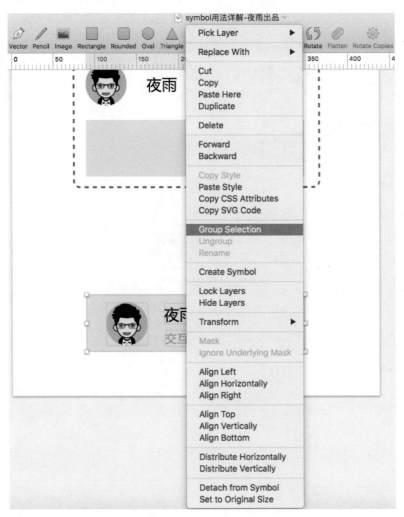

图 4-39　把单个 Symbol 归为一组

组合完成后，针对资料卡 Group，生成一个 Symbol，命名为资料卡 /Q 版，如图 4-40 所示，"资料卡 / 美女"版本同理。

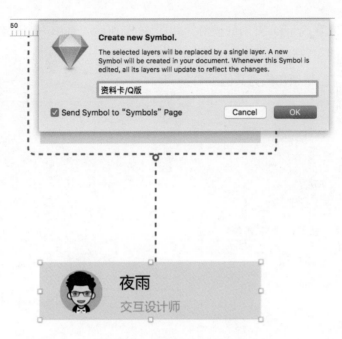

图 4-40　嵌套 Symbol 命名

2. 复用嵌套 Symbol

嵌套 Symbol 有两种复用方式，第一种同单个 Symbol 的方式，直接替换整个资料卡即可，如图 4-41 所示。

图 4-41　嵌套 Symbol 复用

第二种方式是嵌套 Symbol 复用的核心。如图 4-42 所示，选中一个嵌套 Symbol 后，软件右侧出现了"Overrides"选项区域，里面包括多个下拉选项。这些选项实际上是由单个 Symbol 组成的，可以通过下拉选项切换为其他单个 Symbol。

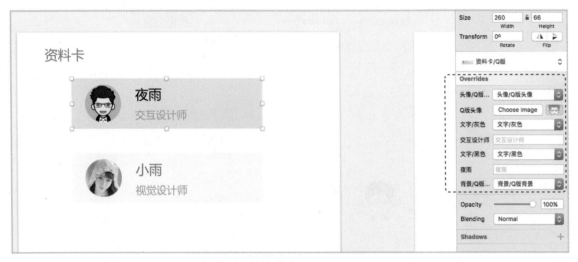

图 4-42　嵌套 Symbol 检查器选项

如图 4-43 所示，在右侧切换头像后，嵌套 Symbol 资料卡的头像已经更换了单个 Symbol。

图 4-43　嵌套 Symbol 中单个 Symbol 的替换

3. 个性化文本

这里还有一个功能，如果 Symbol 属于文本类，那么可以在右侧相应文本的位置替换为自己输入的文字即可，如图 4-44 所示。它可以满足同一个菜单样式、不同菜单名称的情况。

图 4-44 嵌套 Symbol 的文本修改

Symbol 使用时还须注意以下事项。

（1）同一组的 Symbol 尺寸应保持一致，如果尺寸不一致，替换后样式会出现问题。

（2）在画布上画任意形状图形（矩形或其他），都可以直接替换为 Symbol，并且沿用 Symbol 的样式。

（3）和视觉设计师合作维护 Symbol，项目效果更佳。

☆重点 ☆难点 4.4.4 夜视 Symbol 库制作

在上述 Symbol 的使用中，可以看出 Symbol 对原型设计的重要意义。一般来说，在 App 一级页面制作完成后，就可以动手制作 Symbol 库，以便开展后续的页面设计，提高原型设计效率。下面将以夜视 App 项目为例，以下逐一介绍 9 种常用的 Symbol 组件。

1. 顶部导航（含状态栏）

如图 4-45 所示，顶部导航（含状态栏）有普通、含返回操作、作为搜索栏、作为 Tab 栏等形式，建议将状态栏作为嵌套 Symbol 单独维护。当然，也可能包括其他情形，如页面滚动时顶部导航栏最小化。在微信中，顶部导航栏还包括关闭按钮等情形，这些都可以根据项目的进展逐步维护完善。

图 4-45　顶部导航（含状态栏）Symbol

2. 底栏

如图 4-46 所示，底栏一般有三分、四分、五分的区别，完全取决于项目本身对底栏导航的设计。以夜视的四分底栏为例，需要制作 4 种 Tab 切换的状态，同时，底栏图标可以作为单独的嵌套 Symbol 使用，因为底栏图标也是 App 频繁迭代的元素之一。

图 4-46　底栏 Symbol

3. 图标

一套精美的图标，在 App 的设计理念中能起到画龙点睛的作用，所以为图标制作一套 Symbol 库是必不可少的。在制作图标库时，可以多制作一套白色的图标，能适应更多页面中体现的深色背景，如图 4-47 所示。

图 4-47　图标 Symbol

4. 按钮

带文字的按钮是天然需要复用的 Symbol 元素，用户的确认操作环节都离不开按钮。在制作按钮 Symbol 时，可以根据按钮的类别分为主要、次要、警告 3 类，根据按钮的尺寸分为大、中、小 3 种，同时根据按钮的不同状态分为默认、按下、禁用 3 种，如图 4-48 所示。

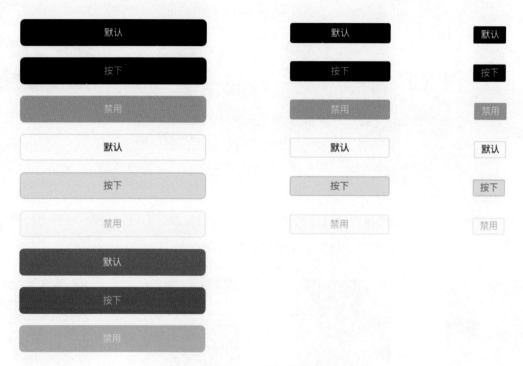

图 4-48　按钮 Symbol

5. 表单

表单用于收集客户结构化或非结构化的数据，一般在 App 的设置选项中较为常见。一般制作常用的选择和输入类表单即可，如单行列表选择表单、单行输入表单，如图 4-49 所示。

图 4-49　表单 Symbol

6. 键盘

键盘是设计师在交互设计时最容易忽略的细节，在 iOS 中，可以简单分为默认键盘和数字键盘两种，如图 4-50 所示。值得注意的是，键盘上的完成（Enter）按钮，可以是"换行""发送""搜索"等其他形式，所以应该独立维护。

键盘

图 4-50　键盘 Symbol

7.Toast

Toast 又称为浮层，是比弹框更轻量的提示形式。根据 Toast 出现的场景，可分为已完成、错误提示、警告文字、加载中 4 种情形，如图 4-51 所示，一般能满足日常的需要。

图 4-51　浮层 Symbol

8. 弹框

弹框是比 Toast 更"重"的提醒形式，一般用作提醒、做决定或解决某个任务。弹框可以考虑的情形有普通弹框、选择弹框、无标题弹框等，如图 4-52 所示。

图 4-52　弹框 Symbol

9. 卡片

卡片属于嵌套 Symbol 灵活运用的方式。如图 4-53 所示，作为一个视频项目，播放器是频繁使用的功能，而播放器中又包括返回、播放、快进等图标元素，组合起来作为卡片嵌套 Symbol 整体替换使用似乎是更好的选择。此外，可以作为卡片的还有视频、作者、评论等。

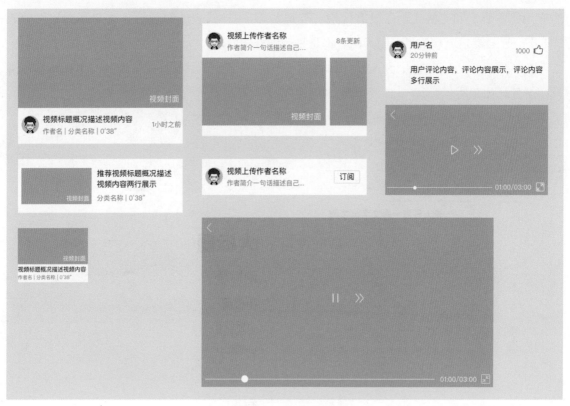

图 4-53 卡片 Symbol

4.5 Styled Text（样式库）

Styled Text 是类似于 Symbol 但又区别于 Symbol 的功能，可以把 Styled Text 理解为一个样式库，它是定义字体、颜色两种项目中常用的样式，可以在任何页面引用，但是引用的方式与 Symbol 有所不同。

4.5.1 Styled Text 的概念

要理解 Styled Text 的概念，可以从常用的 Office 软件——Word（Mac 中为 Pages）入手。当在 Word 中任意输入一段文字的时候，如果将该段文字设置为大标题或小标题等其他字体样式，就选中该行文字，并且在右侧的样式表中选取其中一种样式，如图 4-54 所示。

当然，也可以在样式表中新增、修改字体的样式，这样 Word 文档中的字体就可以很方便地根据样式表中预置的格式进行设置，包括字体的类型、颜色、大小、字重等。这种样式表的应用，本质上和"格式刷"没有区别。理解 Word 中样式表的原理后，对 Sketch 软件中的 Styled Text 自然也就理解了，因为两者都是采用同样的原理。

　　Styled Text 又分为 Text Style（字体样式）、Share Style（共享样式）两种，下面将逐一讲解两者的具体用法。

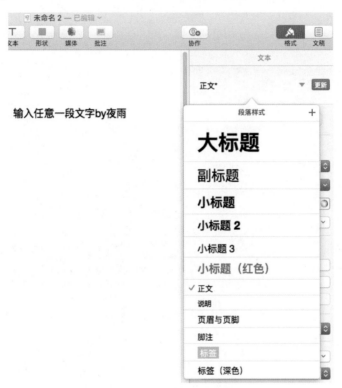

图 4-54　Word 文档中的样式

4.5.2　Text Style（字体样式）

1. 创建

　　在 Sketch 中，Text Style 的使用方法与 Word 一样，不同的是，需要新建一个字体样式库，新建的方法也比较简单，首先使用文字工具在画板中输入任意文字，然后在右侧检查器中选择 "No Text Style" 选项，最后选择 "Creat new Text Style" 选项即可完成新建，如图 4-55 所示。

图 4-55　创建字体样式

新建完成后，最直观的表现就是文字图层前方的 "Aa" 变成了紫色，代表当前文字使用了字体样式，并且，刚才创建字体样式的选项中出现了字体样式，包括字体类型、字重及字号的说明，如图 4-56 所示。

图 4-56　字体样式效果

2. 更新

如果对字体的样式不满意，还可以选中使用样式设置的字体，并且在检查器中对样式进行修改，再单击样式选项中的 "更新" 按钮即可更新到样式库，如图 4-57 所示。

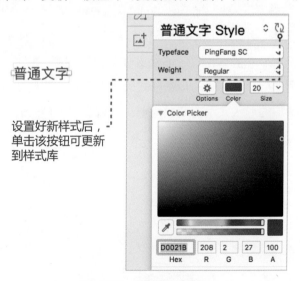

图 4-57　更新字体样式

3. 管理

如果需要对新建的字体样式进行"重命名""删除"的操作，可以选择工具栏的"Style Text"→"Organize Text Style"选项，在弹出的管理界面中进行管理：双击字体样式，即可重命名；选中字体样式，并单击左下角的"—"按钮，即可把当前字体样式从样式库中删除，如图 4-58 所示。

图 4-58　管理字体样式

4.5.3　Share Style（共享样式）

Share Style 属于样式库的一种，与 Text Style 不同的是，Text Style 只能在文本图层中应用，而 Share Style 能在除字体之外的其他图层中使用，作为 Text Style 的补充。Share Style 的创建、更新和管理方式与 Text Style 基本一致，那么具体如何应用呢？以更换图 4-59 所示的圆形背景色为例，只需选中圆形后，在右侧的检查样式表中选择紫色背景即可完成更换。

值得注意的是，圆形的形状并没有变成矩形，这就证实了样式表的作用只改变样式、不改变形状。

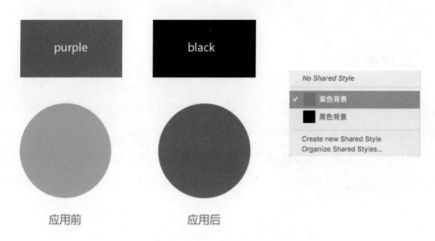

图 4-59　共享样式的使用

4.5.4　夜视项目样式库

完成了对样式库的学习，我们下面进行夜视项目的样式库制作。根据 Text Style 和 Share Style 性质的不同，可以分别制作字体和色彩样式库，如图 4-60 所示。

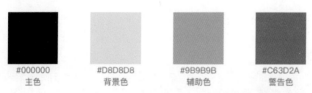

图 4-60　创建共享样式库

4.6　细节设计

　　见微知著，在细节的处理上就可以看出交互设计师的水平层次，有经验的交互设计师，会更注重细节性的设计。如图 4-61 所示，已经制作好的原型就包括了一定的交互细节，如图像的占位符中用文字标注为"视频封面"，属于视频标题或作者姓名的位置也具体描述出来，当前页面所属菜单也通过高亮显示……如果缺乏细节的表达，受众就无法理解作者想表达的含义。

　　然而，本节学习的是更深层次的细节，一共包括 3 个方面：交互边界、特殊状态和场景设计。

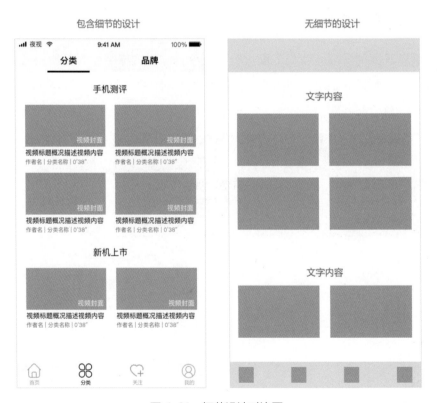

图 4-61　细节设计对比图

☆重点 4.6.1　交互边界

　　交互边界不等于产品边界，为方便区分两者，首先来了解一下什么是产品边界。以夜视项目为例，它立足于视频，核心功能也是视频，用户对它的认知也是贴上了"视频"的标签，这是毫无疑问的。然而，当夜视发展到一定阶段，它需要在核心功能的基础上，新增次级的功能，可以是获取电影票、看直播、购买视频周边商品等功能，但绝不是看天气、购买火车票等超出用户对夜视 App 认知范围的功能。因为，一旦超出用户的认知范围，用户的使用意愿是极低的。由于产品自身基因限制，无法拓展或要花费巨大代价去拓展的功能界线，就是"产品边界"，如图 4-62 所示。

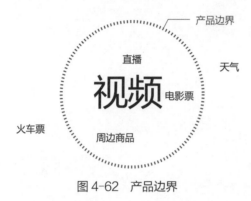

图 4-62　产品边界

如果说产品边界是立足于功能层面的，那么交互边界就是具体到界面层面的或界面中的具体控件，如图 4-63 所示。以夜视的首页为例，当前已完成的交互稿，还应当包括页面底部的细节，即首页滚动后的内容，以及是否设置滚动边界（最大的屏幕滚动距离），或滚动多少屏后自动刷出新的视频内容。

图 4-63　交互边界

交互边界也可以是具体的某个组件，如文本输入框，限制最大输入字符数，同样属于交互边界的范畴，如图 4-64 所示。

图 4-64　交互边界的其他定义

☆重点 **4.6.2　特殊状态**

用户在使用产品时，会遇到一些特殊状态，需要设计师在设计流程中就考虑进去，常见的有等待状态、初始状态、空白状态、网络异常 4 种。

1. 等待状态

国内较多的 App 都设置有启动页，原因是 App 调用后台接口刷新数据需要等待时间，主要目的是减少用户的等待焦虑，在短短的不到 3 秒的时间内也期望起到品牌展示的作用。用户启动 App、刷新页面之间所处的状态，可以称为等待状态，需要为等待状态进行过渡性页面设计，除非设计师有绝对的信心通过技术上的优化能把页面数据的加载时间控制在 300 毫秒以下。以启动 App 到进入夜视首页为例，需要设计启动页来减少用户的等待时间，如图 4-65 所示。

图 4-65　等待状态

2. 初始状态

　　首次为客户呈现的页面状态，都可以称为初始状态，需要特别强调的是，部分功能初始状态会随着用户的操作而发生变化。以 App 登录状态为例，用户首次下载使用 App，打开"我的"页面，默认初始状态为未登录状态；用户登录后，下次进入"我的"页面时，默认初始状态为已登录状态，如图 4-66 所示。

图 4-66　初始状态

3. 空白状态

　　设计师在设计页面的时候，往往容易忽略页面的空白状态。用户打开页面后一片空白，认为 App 没有提供任何有价值的内容，用户体验极差。页面空白产生的原因可能是服务器数据缺失，也可能是页面内容需要用户进行某种操作才能呈现，无论如何，空白状态的设计也是交互设计师需要考虑的事情。

　　以"关注"页面为例，用户未关注任何作者前，"关注"页面在理论上应该是空白的页面。最简单的方式是在页面增加提示语"您还没关注任何作者"，但是，设计师也可以有更好的处理方式，如在空白页面为用户推荐一些热门作者引导其关注，如图 4-67 所示。

关注-未关注

关注-提示语方案

图 4-67　空白状态

4.网络异常

　　网络异常需要考虑两种状态：无网和弱网。无网是指完全断开网络，弱网是指网络还处于连接状态，但是网络缓慢（如处于 2G 网络）和处于拥堵状态（如春节微信抢发红包人员过多服务器过载）是有区别的。

　　网络异常状态不同，处理的方式也不同。以下拉刷新"首页"为例，在无网的环境下，下拉刷新时可直接回弹，并出现 Toast 提示"无法连接到网络，请稍后重试"；如果是弱网，则保持在刷新的状态，计算超时时间，如 30 秒，再使页面回弹，并出现 Tosat 提示"当前网络环境较差，请稍后重试"，如图 4-68 所示。

　　值得注意的是，每次进入首页时，应该使用缓存的解决方案，即默认展示上次 App 退出前已经加载好的内容，能有效避免因网络原因而出现空白页面。

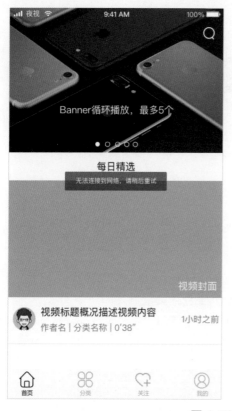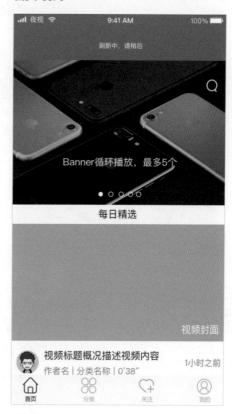

图 4-68　网络异常状态

☆重点 4.6.3　场景设计

把产品设计和用户的实际使用场景结合起来，是最能体现设计"走心"的点。在做场景设计时，至少需要考虑人物、时间、地点、事情 4 个因素。用户（人物）在乘坐地铁（地点）上班（时间）的路上，打开夜视 App 想要播放视频（事情），就是一个典型的场景描述，但具体这个场景如何应用到设计中呢？这时，就需要从场景中推导出更多的影响因素，想象一下，用户外出的时候，就基本离开了 Wi-Fi 环境，只能使用 4G 网络，而视频播放需要耗费大量的流量。这时，用户的手机处于 4G 网络环境，打开视频默认自动播放是否合理？联系到国内运营商移动流量费用偏高的现实，答案显然是不合理的。

基于用户实际使用场景而采取的设计解决方案，就是场景设计。按照上述的例子，设计师可以采用这样的解决方案：当用户处于 4G 网络环境，单击视频播放时，不再自动播放视频，并提示用户"正处于 4G 网络，本次播放将消耗 ××MB 流量"，如图 4-69 所示。

图 4-69　场景设计

4.6.4　首页及播放页设计

通过 Symbol、Styled Text 和细节设计的学习，是不是对二级页面设计已经比较清晰了？下面就可以开始首页及播放页设计。因为从首页视频卡片可以直接跳转到视频播放页，所以可以把这些相关的页面都放在同一个画板中，方便查看彼此之间的关系。在设计时，务必记住以下两个要点。

（1）所有 Symbol 库中已经有的组件，都通过 Symbol 来引用，如顶部导航栏（含状态栏）和底栏。

（2）尽可能地考虑有各种可能性的细节，如无网络、全屏、有无评论等情形，都体现在页面设计中。

设计好的首页及播放页如图 4-70 所示。

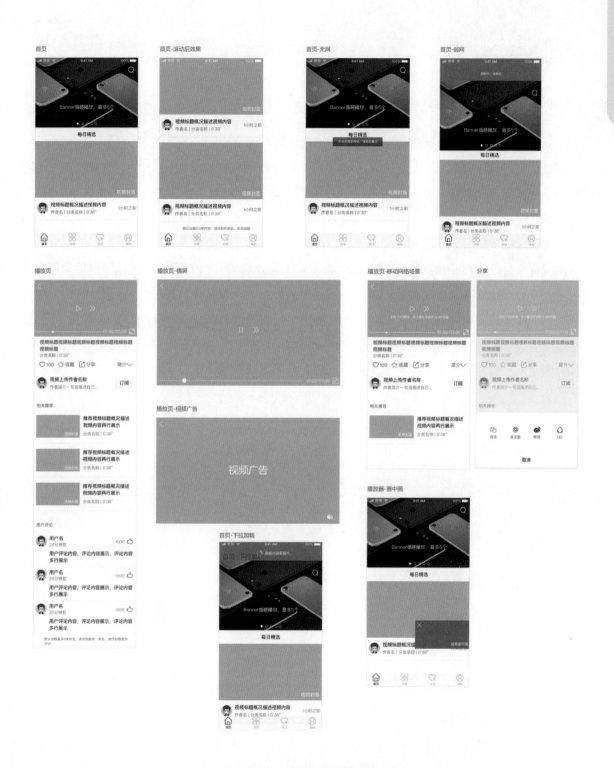

图 4-70　首页及播放页设计

知识拓展

1. 几种常见的移动导航设计思路

App 为用户提供了海量的信息内容，用户想在内容迷宫中间穿梭和查找信息，就需要一张"迷宫地图"作为指引，而这张"迷宫地图"就是设计师需要提供给用户的"移动导航"。夜视 App 中应用了当前最常见的 4 种移动导航模式：标签式导航、Tab 导航、陈列馆式导航和列表式导航。

选取这些常见的导航模式主要原因可以归为两个方面：一方面是这些导航模式和产品内容高度契合；另一方面是这些导航模式符合当前潮流设计趋势，被大规模应用，用户接受度高，能显著降低设计成本。下面将分别讲述不同类型的导航特点及具体应用。

（1）标签式导航。iOS 应用主流的导航模式，它的特色是通过底部标签来组织菜单，并且通过高亮的视觉效果凸显当前用户所处的页面，如图 4-71 所示。它的结构特色是扁平化，能有效满足用户在夜视首页、分类、关注等同级菜单频繁切换的需求。

图 4-71　标签式导航

（2）Tab 导航。随着产品功能的不断增加，几乎所有产品都面临一个棘手的问题：导航越来越多，如何规划菜单层级？底层的 4~5 个标签式早已经满足不了需求，侧边栏菜单早已经是"遗弃品"，这个时候，新的 Tab 导航出现了。Tab 可以看作侧边栏菜单的替代品，它具备可见性、可操作性（单击或滑动切换），在底栏菜单已经占满之后，能很好地组织导航的层级。

Tab 最早来自 Android 规范，是 Material Design 推荐的导航形式，而在 iOS 规范中，把类似 Tab 的控件称为"Segment Control"（分段控件 / 分段选择器 / 分段选择控件），是 iOS 的原生控件之一。实际上，两者并没有本质的区别，都是用于 Tab 导航的组织，但两者的原生样式有区别，如图 4-72 所示。

图 4-72　Tab 导航

在了解了 Tab 的作用和区别之后，也就大致掌握了它的用法。然而，真实的使用场景远远没有想象中那样美好，因为 Tab 下方还可能有新的层级导航。以图 4-73 中的基金档案为例，概况、公告、持仓、行业、分红配送等都属于"基金档案"的分类，而"公告"下方又细分为"全部""发作运行""定期报告""其他公告"等。这时，可以巧妙地利用 Tabs 和 Segment Control 把导航层级组织好，并且在视觉上有明显的层次感区分。

另外，也有其他突发状况，Tab 作为页面中信息内容展示切换的控件，使大量的内容都可以在同一屏幕中出现，当中也涉及 Tabs 和 Tabs 之间的组织方式。如图 4-74 所示，同一屏幕中"业绩走势"和"净值估算"的切换，不同区间"近 1 月""近 3 月""近 6 月""近 1 年""近 3 年"的业绩走势曲线的切换。

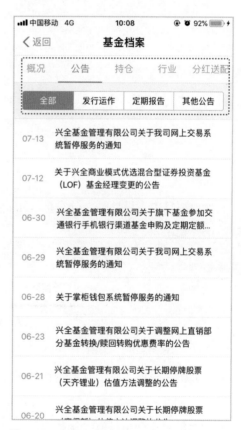

图 4-73　Tabs 和 Segment Control 组合

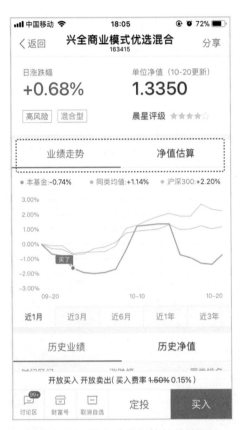

图 4-74   Tab 作为切换控件使用

在夜视项目中，设计师在分类标签中再细分为"分类""品牌"两个 Tab，属于典型的 Tab 导航应用，如图 4-75 所示。

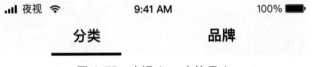

图 4-75   夜视 App 中的 Tab

（3）陈列馆式导航。把图片、文字等内容按照一定的规律摆放以供用户浏览的界面，都可以称为陈列馆式导航，类似于博物馆的展品向游客开放浏览。陈列馆式导航能很好地应用于用户经常浏览、频繁更新的内容。在夜视项目中，视频内容属于用户经常浏览、频繁更新的内容，自然而然地采用陈列馆导航。例如，"分类"导航下中间视频内容"手机测评"和"新机上市"就是典型的陈列馆式导航，如图 4-76 所示。

图 4-76　陈列馆式导航

（4）列表式导航。在 iOS 系统"设置"界面，就是典型的列表式导航的应用。它的特点是把导航菜单像列表一样一行行展示，每一行导航菜单都视为独立的菜单入口，可以跳转到具体的下级页面或提供具体的操作项，如图 4-77 所示。

图 4-77　列表式导航

2. 资源有限时怎么对待细节优化

国民级应用"微信之父"张小龙对细节的应用达到苛刻程度：大到按钮应该放在左边还是右边，小到图像差了几个像素，"微信 3.1 版本和 3.0 版本的区别是微信会话列表每一行高度少了 2 像素"，这成为"微信之父"细节设计的经典案例之一。然而，微信像素级别的细节优化是建立在腾讯大量的人力、财力资源支持前提下的，如果是小团队资源有限该怎样对待细节优化？

（1）细节优化的重要程度。即使在用户体验蓬勃发展的今天，细节优化也只是为产品能击败对手增加了些许筹码，但未能在胜利的天平中起到决定性的作用。决定产品"生死"的关键依然掌握在用户刚需、产品大方向手里，如 12306，虽然用户都在吐槽它的体验，但依然阻挡不了它的成功。相反，一些用户体验极佳的应用，在设计师"借鉴"它们的设计后，就再也没有打开过。

所以，细节优化环节的重要程度是比较低的，至少在项目初期是不重要的。在项目相对成熟运作后，拥有一定的优化资源，就可以着手进行细节优化。

（2）预防优于治疗。疾病发生后治疗过程带给病人的是无尽的痛苦，如果平时多喝热水、多运动、注意饮食作息规律，做好预防就能显著减少疾病的发生。细节优化同理。细节设计需要考虑的内容详见 4.6 节"细节设计"。

（3）细节优化分级。资源有限时，细节优化更应该区分先后顺序，常见的优先级是流程 > 功能 > UI。以用户"登录"界面为例，如图 4-78 所示，存在以下 3 个细节优化问题。

① 流程：优化登录流程，缩短登录所需的验证步骤，原"登录密码"+"手机验证码"的组合，改为单一验证或指纹登录。

② 功能：增加第三方登录功能，降低新用户注册登录的门槛。

③ UI：登录界面样式优化，原拟物风格变为扁平化的风格。

为什么是流程 > 功能 > UI ？因为流程和用户使用产品完成目标的成功率及时间息息相关，优化流程对提升用户体验的作用更明显；而功能多数为新增或

图 4-78　夜视 App 登录页面

替代性功能，变更后用户体验未必能达到预期，且需要一定的时间适应；界面层级的优化在一定程度上具备主观性，其好看与否取决于用户个人主观判断。

当多个细节优化同属于其中一类或没有明显分类时，还需要一套更科学的分级方法：按照问题的优先级来进行分级。具体做法是，按照影响范围大小和严重程度高低两个标准建立 x、y 坐标轴，并且根据问题的落点划分为 4 个象限，影响范围大且严重程度高的问题优先级最高，反之则最低，处于两者中间的属于优先级中等，如图 4-79 所示。

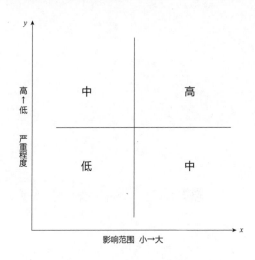

图 4-79　优化问题的分级

3. 场景设计方法及更多应用实例

（1）场景设计方法。

在 2.8 节中已经详细介绍可以应用到场景化设计当中的交互设计方法 5W2H，可以翻阅前面章节内容进行了解。

（2）场景应用实例。

实例 1：用户对 App 使用流量敏感，对于广告性质的含 Banner 启动页，Banner 可通过 Wi-Fi 环境预加载，为用户节省流量，并在适当的位置提示用户，如图 4-80 所示。

图 4-80   夜视 App 启动页

实例 2：在播放视频广告时，为避免广告声音过大对处于安静环境的用户造成不良的噪声体验，用户可以选择静音播放，安静地欣赏广告，如图 4-81 所示。

图 4-81   视频广告静音

实例 3：退出视频播放页面后，视频继续以画中画的形式播放，方便用户多任务操作的同时可以继续观看视频，且支持单击视频快速返回播放页，如图 4-82 所示。

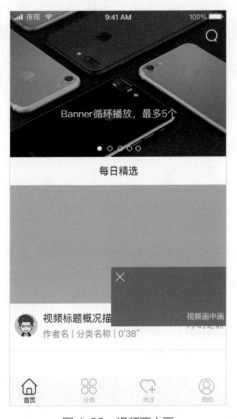

图 4-82　视频画中画

实战教学

本章介绍的 Symbol 是 Sketch 能作为交互设计工具使用的核心功能，其中嵌套 Symbol 的应用更是重中之重，它决定了后面大量页面组件复用的效率，所以本次实战教学有必要再温习一下 Symbol 的知识，同时会加入一些不同的视角进行解读。

在项目早期是不可能构建一个完整的 Symbol 库的，但 Symbol 库构建得晚了，又可能面临大量的页面需要返工的问题。例如，导航名称有变化，设计页面都要重新修正。解决方案就是在项目早期以最小成本快速构建一套最小化的 Symbol 库，称为 MVS（Minimum Viable Symbol）。这个案例涉及的知识点有 MVS 的选择、MVS 的制作过程。夜视 App 早期的 MVS 非常简单，只有顶部导航（含状态栏）、底栏、按钮、Toast、弹框和图标，如图 4-83 所示。

图 4-83　夜视 MVS

1.MVS 的选择

如何定义项目早期 MVS 的选择范围？很简单，选择那些影响页面最广的组件就可以，如底栏导航，它可能被 App 各个页面引用。后面修改替换的成本高，需要在早期就提供 Symbol 组件，后续如需变动，只需要在 Symbol 中进行修改即可。同理，在夜视 App 项目中，返回按钮、弹框、顶部导航（含状态栏）等都属于影响页面范围广的元素，应当纳入早期的 MVS。另外，MVS 不应该追求大而全，而是尽可能少而简单快速，后续再慢慢完善。

2. 夜视 MVS 的制作

（1）顶部导航（含状态栏）。顶部导航栏组件包括状态栏和菜单名称等元素，应该使用嵌套 Symbol 的制作手法，因为状态栏可能随着页面的背景色而出现颜色变化，需要单独作为一个 Symbol。状态栏使用 Sketch 自带的即可，但应当稍加整理，把该 Symbol 的命名规范改为自己想要的，如"顶部导航 / 状态栏 / 黑色"，如图 4-84 所示。

图 4-84　制作状态栏 Symbol

接下来使用矩形工具（按"R"键）拉出一个 375pt×64pt 的矩形，使用文字工具（按"T"键）填写"菜单名称"字样，然后和状态栏 Symbol 摆放在一起，选中全部并右击，在弹出的快捷菜单中选择"Create Symbol"选项生成嵌套 Symbol 即可，该嵌套 Symbol 命名为"顶部导航 /iOS/ 常规"，如图 4-85 所示。值得注意的是，制作 Symbol 时，要注意 iOS 或 Android 平台尺寸规范，具体尺寸介绍可参考第 3 章的内容。

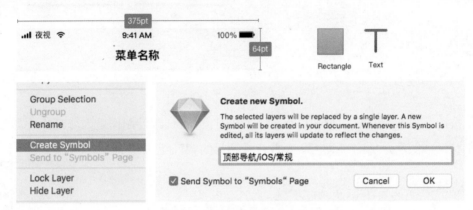

图 4-85　顶部导航栏嵌套 Symbol

（2）底栏。在第 3 章实战教学中，已经制作好底栏的元素，直接拿过来用即可。与顶部导航栏类似，需要把菜单的图标单独维护为 Symbol 组件，因为菜单图标后续很有可能单独调整，并将整个底栏作为嵌套 Symbol 组件，如图 4-86 所示。

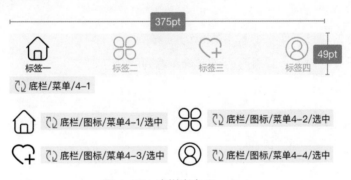

图 4-86　底栏嵌套 Symbol

（3）弹框。弹框 Symbol 组件的制作没什么难度，主要使用圆角矩形工具、文字工具和直线工具勾勒即可。因为一般弹框为白色底，所以可以增加一个灰色背景使之在页面的表现更为明显，或可考虑增加一个 375pt×667pt 的蒙版层，在后续页面设计中与弹框搭配使用，如图 4-87 所示。

图 4-87　弹框 Symbol 制作

（4）按钮、Toast 和图标。按钮、Toast 和图标的 Symbol 组件制作更为简单，只需要勾勒出相应的形状，再创建为 Symbol 即可。至此夜视项目的 MVS 已经全部制作完成。

 动脑思考

1.如果 Sketch 删除 Symbol 功能，那么它还能成为一款交互设计工具吗？

2.除章节中列举的 Symbol 组件外，还有哪些组件可以作为 Symbol 使用？

3.为什么说细节设计可以体现交互设计师的水平？

 动手操作

1.为自己所做的项目制作一个基本的 Symbol 库。

2.审视自己设计的原型，看看是否还有未考虑到的交互细节。

第5章　团队协作

Sketch 能满足团队多种角色将其作为唯一或主要生产力工具的需求，工作文件相互兼容。在统一工具使用的前提下，借助 SVN 服务器可以轻松搭建团队协作环境。

产品是一个快速迭代的过程，不可能所有人都把时间浪费在做一些重复页面组件的工作上。Sketch 提供组件化功能 Symbol，并支持通过 Libraries（组件库）实现团队共同引用和维护，有效节约各成员重复造轮子的时间。

借助 Sketch 强大的插件功能，可以优化成员之间的工作模式，如视觉设计师和前端工程师之间的沟通，将从传统的标注变成效率更高的 Sketch Measure 一键导出标注，甚至直接生成前端代码的模式。

"夜雨，Sketch 制作好的 Symbol 文件麻烦共享到群里。"

"不用这么麻烦，我们可以利用 Sketch 的特性，构建一个高效的团队协作环境。"

5.1　Sketch 和团队协作

Sketch 是一款能满足设计团队跨角色使用需求的工具，同时，在大中型项目中，多个交互设计师各自分工负责一部分页面设计的情形也比较常见。在 Sketch 47 版本中新推出了 Libraries（组件库）功能，进一步提高了 Sketch 的团队协作能力。此外，Sketch 的一些新特性，也优化了原来团队成员之间的协作模式。

5.1.1　团队协作基础

Sketch 能称为一款团队协作软件，主要有以下 4 个方面的原因。

（1）使用统一工具：Sketch 能满足团队多种角色将其作为唯一或主要生产力工具的需求，工作文件相互兼容。

（2）减少重复劳作：Sketch 提供组件化功能 Symbol（Libraries），有效节约各成员重复造轮子的时间。

（3）构建协作环境：在统一工具使用的前提下，借助 SVN 服务器可以轻松搭建团队协作环境。

（4）优化工作模式：借助 Sketch 插件，可以优化原来成员之间的工作模式。

1. 使用统一工具

目前，大多数互联网团队还在使用 Axure+Photoshop 的组合。首先由产品经理或交互设计师使用 Axure 产出原型，其次由视觉设计师使用 Photoshop 进行视觉设计，最后交付"原型"＋"PSD"供前端工程师进行前端页面开发。不可否认的是，"Axure+Photoshop"组合是当前被企业广泛应用的团队生产工具，但是，在实际使用中，也发现了一些团队协作的问题：交互设计师无法将视觉稿高效率地转化为更高精度的原型，交互规范和视觉规范各自单独产出但是有重合部分，前端工程师很多时候需要同时对照原型稿和视觉稿进行开发，如图 5-1 所示。因此，需要一款新的、能同时满足多角色使用需求的协同工具——Sketch。

产品经理
交互设计师

视觉设计师
前端工程师

图 5-1　不同角色使用工具区别

Sketch 是一款可以同时满足产品经理、交互设计师、视觉设计师、前端工程师等设计参与者使用需求的工具。产品经理或交互设计师直接通过 Sketch 产出原型，并且与视觉设计师的视觉设计无缝衔接，顺便采用 Symbol 高效产出设计规范，并通过 Sketch Measure 插件一键标注，让视觉设计师、前端工程师直接受益，如图 5-2 所示。

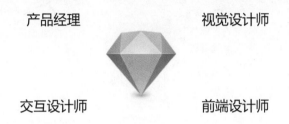

图 5-2　统一使用 Sketch 工具

2. 减少重复劳作

第 4 章着重介绍了 Sketch 的 Symbol 功能，它是一种设计组件化的思维，它把团队成员需要重复建设的元素提取出来制作成可复用的组件库，各自团队成员可通过 Libraries 功能直接引用，减少重复劳作，如图 5-3 所示。后面将重点介绍 Libraries 的使用方法。

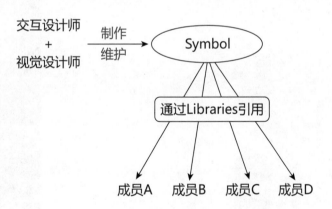

图 5-3　Symbol 协作示意图

3. 构建协作环境

通过 SVN 服务器（国外 Dropbox、国内坚果云）或本地共享目录，构建共同的 Sketch 协作环境，并且将公共文件 Symbol 放在服务器上（图 5-4），后面我们将以坚果云为例，说明如何搭建 Sketch 团队协作环境。

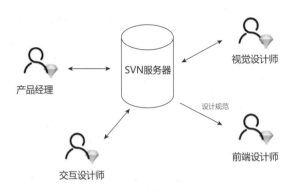

图 5-4　SVN 协同环境

4. 优化工作模式

借助 Sketch 强大的插件功能，可以优化成员之间的工作模式，如视觉设计师和前端工程师之间的沟通，将从传统的标注，变成效率更高的 Sketch Mesure 一键导出标注、甚至直接生成前端代码的模式，如图 5-5 所示。关于视觉标注的使用，将在第 6 章详细讲述。

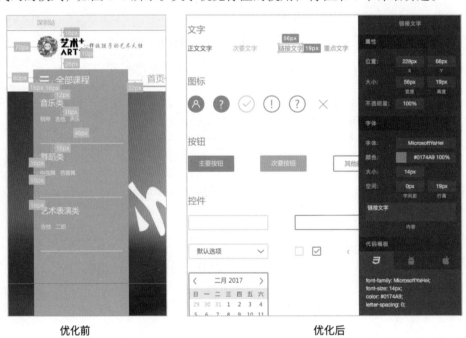

图 5-5　视觉标注的优化

5.1.2　Sketch 协作流程

交互设计师和视觉设计师在 Sketch 多人协作流程中扮演主要的角色，在交互、视觉 DEMO 都确定之后，两者就可以开始共建 Symbol 库。产品是一个快速迭代的过程，不可能所有人都把时间浪费在做一些重复页面组件的工作上。制作 Symbol 库之后，就可以把需要复用的组件通过 Libraries 进行传输，提高多人协作的效率。

如图 5-6 所示的协作流程也不是一成不变的，有些企业可能没有设置交互岗，那么 Symbol 库就应该由视觉设计师给出，还是需要结合自身项目的实际协同流程来完成。

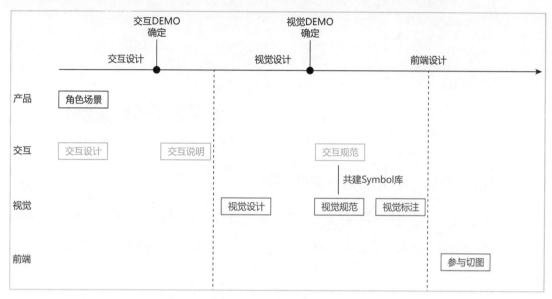

图 5-6　Sketch 协作流程

5.2　使用 Libraries 减少重复劳作

在最新的 Sketch 47 版本，Sketch 推出了重要的团队协作新功能——Libraries，可以说是共享版本的 "Symbol"，它具备了 Symbol 所有的特性，并在 Symbol 的基础上支持团队编辑、调用，下面将具体学习 Libraries 的使用方法，探讨它是如何减少团队重复劳作的。

☆重点 ☆新功能　5.2.1　Libraries 介绍

Libraries 是 Sketch 47 版本推出的重要协作功能，它其实在一些 Sketch 插件（如 "Craft"）中已经出现过。Libraries 支持把本地的 Symbol 库变为共享版本的 Libraries。

Libraries 的使用方法和 Symbol 差不多，为了区分本地的 Symbol，Libraries 的图标会有所不同。同时，更新 V47 版本后，Sketch 提供了一个 "iOS UI Design" 的 Libraries 供用户试用，直接通过工具栏的 "Symbol" 选项即可体验 Libraries，如图 5-7 所示。关于 Symbol 的用法和制作过程，可参考第 4 章关于 Symbol 的部分内容。

图 5-7　Libraries 介绍

☆重点 **5.2.2　Libraries 制作和导入**

Libraries 实质是一份包含 Symbol 库的文件，所以想要制作 Libraries，前提是先制作 Symbol 库。图 5-8 所示的是一份已经制作好的示范 Symbol 库，包括文字、图标、按钮等元素。

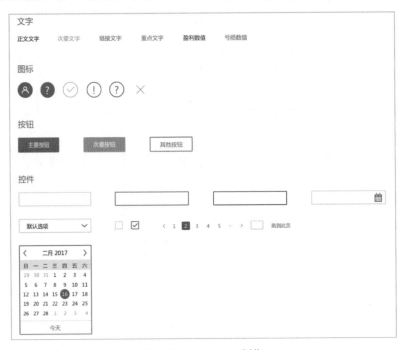

图 5-8　Libraries 制作

制作完成后，把它保存为 Sketch 文件，并记住这份文件的所在位置。然后，可以通过菜单栏"Sketch"→"Preferences"→"Libraries"命令，打开 Libraries 管理界面。这时，可以看到已经添加的示范 Libraries "iOS UI Design"，如图 5-9 所示。

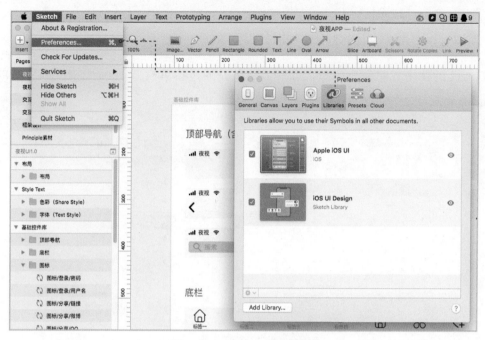

图 5-9　Libraries 管理界面

　　可以单击右下角的"Add Library"按钮，找到刚才制作好的 Symbol 文件，添加进入即可，添加完成后的界面如图 5-10 所示。在 Libraries 的管理界面中，还可以进行 Libraries 的预览、禁用、打开 Libraries 文件所在位置、打开 Libraries、移除 Libraries 等操作。

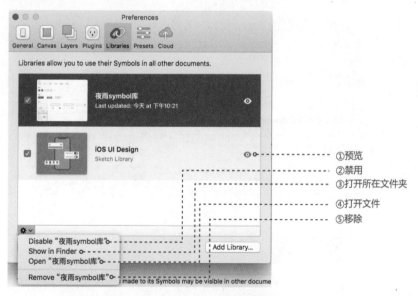

图 5-10　Libraries 管理操作

☆重点 5.2.3 Libraries 使用和更新

Libraries 的使用方式和 Symbol 几乎一致，就是通过菜单栏"Symbol"把 Libraries 的元素拖动到画布和画板之中即可。

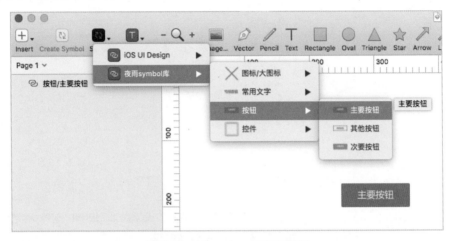

图 5-11　Libraries 使用和更新

需要注意的是，如果需要编辑引用的 Libraries 元素，可以有两种方式，一种是在 Libraries 原始文件中编辑，编辑后，其他引用 Libraries 的文件，都可以接收到 Libraries 的更新通知；另一种是把引用的元素从 Libraries 中脱离，变成本地的 Symbol 文件，该文件就不会受 Libraries 的更新影响，还不影响其他还在引用 Libraries 的文件。双击引用的 Libraries 元素，即可打开选择框，如图 5-12 所示。

图 5-12　Libraries 元素脱离

在 Libraries 中编辑后，如果想要把主要按钮的填充颜色变为紫色，则在打开的原始文档中进行调整，保存即可。其他引用该 Libraries 的 Sketch 文件打开后，就会在右上角收到"Library

Update Available"的通知，单击通知，即可看到变更的内容，然后单击"Update Symbols"按钮进行更新即可，如图 5-13 所示。

图 5-13 Libraries 元素更新

另外，经过测试发现，在 Libraries 中，新增文件能更新到其他引用 Libraries 的文件中，但是删除文件不能很好地支持，有待观察。

☆重点 5.2.4 Libraries 云协作

Libraries 云协作的方式十分简单，交互设计师或视觉设计师把制作好的 Symbol 文件放置在团队目录中，其他团队成员从团队目录中将该文件添加为 libraries 即可，个人多设备异地办公也是同样的原理。下面以 Mac 自带的 iCloud Driver 为例，简单介绍具体的协作流程。

首先，把制作好的 Symbol 文件放置在 iCloud Driver 文件夹中，这样，该 Symbol 文件会自动同步到 iCloud 云端，如图 5-14 所示。

图 5-14 Libraries 云协作

其次，无论是办公室或家里的计算机打开 Sketch，都按照 Libraries 导入的方式，从 iCloud Driver 中添加其中的 Symbol 文件作为 Libraries，这就简单地实现了异地办公云协作，如图 5-15 所示。

图 5-15   Libraries 异地办公

5.3   使用坚果云构建协作环境

坚果云与国外的 Dropbox 类似，使用坚果云的原因是服务器在国内，速度更快，对于加密性要求较低的项目，可以借助坚果云快速构建项目协作环境。对于保密性要求较高的项目，可以使用 Git 部署本地私有化项目。使用坚果云构建团队协作环境的其他原因是，它能够满足协作项目的 3 个基本要求。

（1）能自动同步所有的协作文件。

（2）有版本追溯历史。

（3）有权限控制。

5.3.1   构建前的准备工作

1. 准备多个邮箱地址

至少需要准备两个以上的邮箱地址，一个供交互设计师或视觉设计师使用，另一个供其他团队成员（如产品经理或前端工程师）使用。

2. 注册坚果云

使用准备好的邮箱地址，注册坚果云，如图 5-16 所示。

图 5-16　注册坚果云

3. 下载坚果云客户端

坚果云客户端支持"macOS""Windows""Linux""Android""iOS"等平台，但是 Sketch 文件仅限在 macOS 客户端使用，所以，下载"macOS"客户端即可。当然，直接登录网页版坚果云亦可，但只有下载客户端才能设置本地自动同步的文件夹，如图 5-17 所示。

图 5-17　下载坚果云客户端

5.3.2　创建团队文件夹

1. 登录坚果云

使用其中的一个邮箱账号登录坚果云，这里以坚果云网页版为例，登录后的界面如图 5-18 所示。

图 5-18　登录坚果云

2. 创建团队文件夹

单击左侧中的"创建"按钮，可以创建一个团队文件夹（须要先验证手机号码）。依次输入文件夹名称、团队项目的邮箱地址邀请成员，如图 5-19 所示。

图 5-19　创建团队文件夹

3. 设置团队成员权限

在邀请的团队成员后方有"上传下载"下拉选项，该选项可以设置团队成员权限，选择其他选项，可以设置其他权限，如上传下载、只可下载、只可上传、只能预览、管理员等。也可以单击"×"按钮，移除文件夹共享的成员，单击"确定"按钮后，即可生成团队文件夹（多人协同文件夹），如图 5-20 所示。

图 5-20　设置团队成员权限

4. 接受团队项目邀请

团队文件夹创建后，被邀请的成员会收到一封邀请的邮件，需要在邮件中单击"接受邀请 / Accept"按钮才能正式加入协作项目中去，如图 5-21 所示。

图 5-21　接受团队项目邀请

单击"接受邀请/Accept"按钮，会在浏览器打开一个地址，需要再次单击"接受同步邀请"按钮才能真正加入协同文件夹，如图 5-22 所示。

图 5-22　接受同步邀请

5.3.3　设置本地同步文件夹

1. 登录坚果云客户端

要设置本地同步文件夹，需要先安装坚果云客户端并登录。登录后，就可以看到之前接受邀请的协作文件夹已经在其中了，如图 5-23 所示。

图 5-23　登录坚果云客户端

2. 设置本地同步目录

鼠标指针悬浮在文件夹上方，单击"云"图标，即可设置同步文件夹的路径，默认路径为"⋯⋯/Documents/ 夜视 App"，也可以单击"浏览"按钮更改同步文件夹的路径，如图 5-24 所示。

图 5-24　设置本地同步目录

3. 查看同步文件夹

设置好同步路径之后，打开所在本地同步文件夹地址，看到带有绿色对勾图标的即为同步文件夹，该文件夹的任何改动，都会自动同步到坚果云的云端和本地，非常方便，如图 5-25 所示。

图 5-25　查看同步文件夹

5.3.4　查看历史版本

坚果云查看历史记录，需要登录网页版，因为网页版中更直观。

1. 查看操作历史

登录网页版后，选中文件夹，再选择"操作历史"选项卡即可查询文件夹的操作历史记录，
包括新增、修改、删除等操作，如图 5-26 所示。

图 5-26　查看历史版本

2. 查看文件历史版本

切换到"查看文件"选项卡，鼠标指针悬浮在文件上方，单击"下箭头"图标，即可看到
"查看历史版本"选项，如图 5-27 所示。

图 5-27　查看文件历史版本

选择"查看历史版本"选项，即可查看该文件的历史版本，支持恢复、下载任意版本的文件，如图 5-28 所示。

	查看历史版本				✕

文件名：夜雨symbol库.sketch

修改人	操作	修改时间	大小	恢复	下载
夜雨	* 修改	2017/11/05 15:43	120 KB		下载
夜雨	* 修改	2017/11/05 15:43	120 KB	恢复	下载
夜雨	修改	2017/11/05 15:42	117 KB	恢复	下载
夜雨	修改	2017/11/05 15:42	44 KB	恢复	下载
夜雨	增加	2017/11/05 15:39	45 KB	恢复	下载

1个月内的文件历史版本将会保留，带*的版本是增量同步的，#表示移动前的历史版本

关闭

图 5-28　查看历史文本

 动脑思考

1. Symbol 和 Libraries 两者有什么联系和区别？

2. 手上正在使用的交互设计工具，平时是怎么有效地和团队成员沟通协作的？

3. 现在的一些云协作平台，为什么能提高自身或团队协作效率？

 动手操作

1. 把制作好的 Symbol 库，试图通过 Libraries 的方式共享给团队成员。

2. 尝试去使用一些云协作的平台。

第6章 交付输出

交互设计输出物不等于交互原型，好的交互设计输出物能够体现交互设计师设计思路、专业能力。它应该具备全面、细致和完整的特点，至少应包括交互方案、交互原型、交互说明和交互规范等内容。

交互说明，即交互设计说明文档，又称 DRD（Design Requirements Document），是交互设计师产出的规范文档。它一般包括修订记录、全局交互、页面流程、链接指向、内容说明、交互状态、手势说明和动效说明 8 个方面的内容。

交互规范不是视觉控件规范。交互规范是旨在传达项目设计理念，整理实际影响体验的部分交互元素，最终形成的一份设计指南。

视觉标注是视觉设计师需要提供给前端开发工程师的输出物，否则前端工程师无法定义尺寸、颜色、间距等 CSS 属性。Sketch 插件 Sketch Measure 提供了新的视觉标注实现方式，大大减轻了视觉设计师的工作负担。

"终于把原型做完了，是直接发给前端开发吗？"

"光有原型还不行，开发工程师还需要这些输出物。"

6.1　交互设计输出物

交互设计师在项目实施过程中属于承上启下的关键角色，上游对接产品、运营、业务，下游对接后端、前端、视觉和测试等人员，交互设计输出物就是交互设计师与项目上下游人员沟通的有力语言。交互设计输出物不等于交互原型，好的交互设计输出物能够体现交互设计师设计思路、专业能力。它应该具备全面、细致和完整的特点，至少应包括交互方案、交互原型、交互说明和交互规范等内容，如图 6-1 所示。

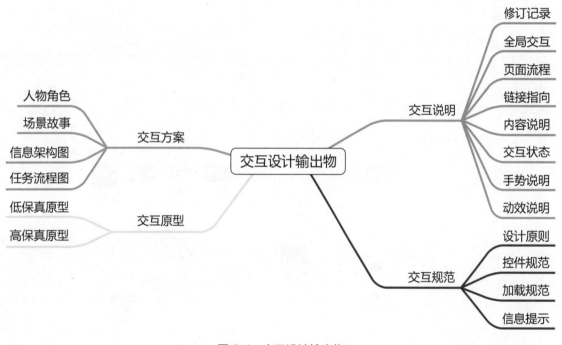

图 6-1　交互设计输出物

6.1.1　交互方案和交互原型

1. 交互方案

交互方案由人物角色、场景故事、信息架构图和任务流程图 4 个方面内容组成，在第 3 章中已经详细介绍了这些输出物的价值和输出方法。在整理交互设计输出物时，把这部分内容覆盖进去即可。

2. 交互原型

习惯了 Axure 输出原型的用户可能感觉不适应，因为在 Sketch 中，所有的原型页面都是静态的，与 Axure 输出带页面目录和交互事件的 HTML 格式原型有很大的区别。使用 Sketch 输出交互原型时，一般选择 PNG 或 PDF 格式输出。此外，借助 Sketch　Measure 插件，也可以输出与 Axure 类似的 HTML 格式的原型。

在实际应用中，可以根据不同的场景和项目需求，使用不同的方法输出交互原型。值得注意的是，无论采用哪一种方式输出原型，都不是以页面为最小单位进行输出的，而是以画板为最小单位进行输出的，这一点与 Axure 有很大的不同。所以，要把输出的原型页面都放在一个或多个 Artboard 中，如图 6-2 所示。

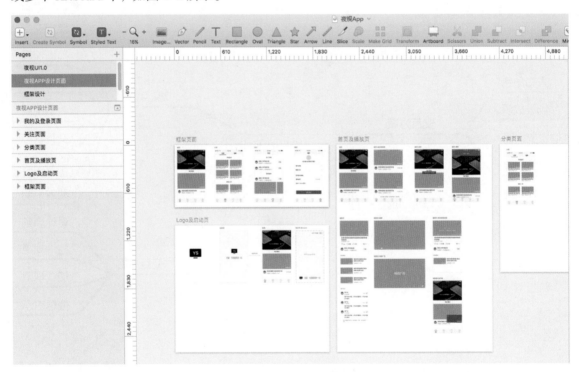

图 6-2　交互原型

选中其中一个画板，或选中多个画板，在检查器可看到导出的选项，在右下角选择 PNG 或 PDF 格式进行导出即可，如图 6-3 所示。

图 6-3　导出原型

选中画板有个小技巧，可以按住"Command"键逐个选择需要的画板，如果要选中连续的几个，只需按住"Shift"键，依次单击首尾两个画板，即可选中包括两者在内的中间画板，这个技巧对选择图层或页面同样适用，如图 6-4 所示。

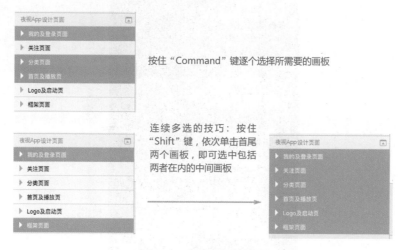

图 6-4　多选画板的技巧

还有一种生成 HTML 原型的方式，就是借助第三方插件——Sketch Measure。Sketch Measure 是一款视觉标注和切图的神器，将在视觉设计输出物中详细介绍它强大的特性，这里，先介绍怎么使用它来生成原型。安装 Sketch Measure 插件后，依次选择"Plugins"→"Sketch

Measure"→"导出规范"命令，打开选择画板界面，如图 6-5 所示。

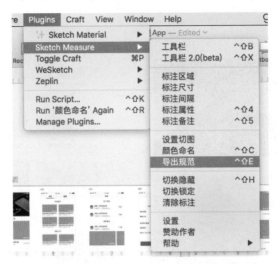

图 6-5　Sketch Measure 导出规范

打开选择界面后，就可以看到当前 Sketch 中包括的所有页面和画板，选中页面即默认导出当前页面的所有画板，选择需要导出的内容后，单击"导出"按钮，如图 6-6 所示。

图 6-6　选择要导出的画板

在弹出的对话框中，选择存放导出内容的文件夹，再单击"导出"按钮，如图 6-7 所示。

图 6-7　选择要导出到的文件夹位置

在导出的过程中，会出现"图层处理中"的提示，耐心等待片刻，如图 6-8 所示。

图 6-8　图层导出过程提示

导出完成后，查看导出文件夹的内容，是不是与 Axure 原型的文件内容相像。找到"index.html"文件，然后双击打开它，如图 6-9 所示。

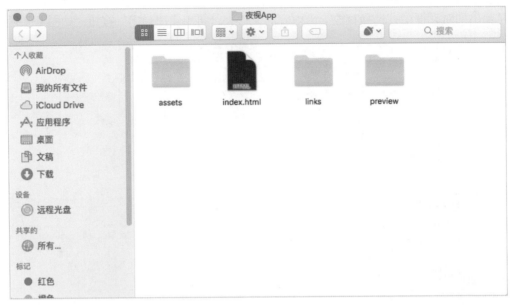

图 6-9   查看导出的文件夹内容

在打开后的界面中，可以看到导出的原型已经以画板为单位区分开，且在左边以目录的形式展示。单击不同的画板就可切换查看原型中的内容，强烈推荐使用这种方式输出交互原型，如图 6-10 所示。

图 6-10   在浏览器打开原型

☆重点 **6.1.2　交互说明**

1. 需要交互说明的原因

交互说明，即交互设计说明文档，又称 DRD（Design Requirements Document），是交互设计师产出的规范文档。为什么需要交互说明呢？因为交互设计师仅仅通过交互原型，并不能全面彻底地和视觉设计师、开发工程师、测试人员达成一致共识，所以需要交互说明来消除隔阂。以夜视 App 首页为例，仅提供首页原型，并不能有效传达出所有的交互细节，如图 6-11 所示。

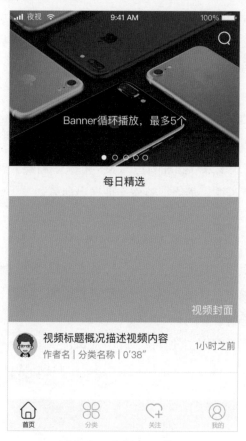

图 6-11　夜视 App 首页

作为开发工程师，可能会有以下疑问。

（1）广告图最多放几张？是自动切换吗？多久切换一次？

（2）广告图是带链接的吗？如果是，跳转到哪里？

（3）首页视频内容按照什么规则排序？如果没有视频内容怎么办？

以上问题仅为举例说明，相似的问题还有很多，但是，要记住一点，缺乏交互说明文档会导致大量的时间浪费在反复沟通上面。部分企业可能并没有设置交互设计师的职位，交互说明的内容就应该由产品经理或视觉设计师兼任。

2. 交互说明应包括的内容

刚入行的交互设计师可能都有一个共同的焦虑：交互说明文档应该怎么写？它包括哪些内容？经过一段时间之后就会发现，交互说明文档的内容并非是固定的，它可以根据项目的不同而有所区别。例如，在移动 App 中，交互说明文档应该包括默认键盘和手势说明两个方面的内容，但是在 Web 网站，这些内容显然是不需要的。而且，并非每一个页面，都覆盖到所有的交互说明内容，交互设计师要留心总结。但是，不管怎样，交互说明也是有套路可循的，它一般包括修订记录、全局交互、页面流程、链接指向、内容说明、交互状态、手势说明和动效说明等 8 个方面的内容。后面将一一讲述这些交互说明内容应该怎么写。

3. 交互说明的表达

"从不看文档，内容太多了，看得头晕，跟着原型做，看不懂就打产品或交互"，这才是开发工程师内心最真实的想法，也说明了交互原型也是交互说明的组成部分。常言道"文不如表，表不如图"，交互说明应该采取图片为主，表格和文字内容为辅的表达方式，所以，可以直接在交互原型中增加交互说明，最终把整份文件导出即可。

4. 修订记录

不管是产品需求文档（PRD），还是交互说明文档（DRD），都需要把修订记录放在第一位，这是需要着重强调的。由于项目是不断迭代的，因此在项目迭代过程中交互文档发生的任何变更，都应该反映在修订记录中，方便文档阅读对象进行追溯。否则，文档内容越来越多，要找出变更的内容，就好比大海捞针。

修订记录应该置于交互说明文档的首位，至少应该包括版本、修订日期、修订人员和修订说明 4 个方面的内容。在 Sketch 中，可以单独使用一个画板来填写修订记录，使用二维表的展示方式即可，如图 6-12 所示。

版本	修订日期	修订人员	修订说明
V1.1	2017.2.1	夜雨	增加首页交互说明
V1.0	2017.1.1	夜雨	夜视 App 交互说明初稿

图 6-12　修订记录

但是，这样的表格在 Sketch 中是怎么实现的呢？要知道，Sketch 中并没有直接生成表格的工具，用文字和直线工具，光对齐就很浪费时间，如果直接从 Excel（Mac 中为 Numbers）复制到 Sketch 中，则可能会导致乱码的现象，如图 6-13 所示。

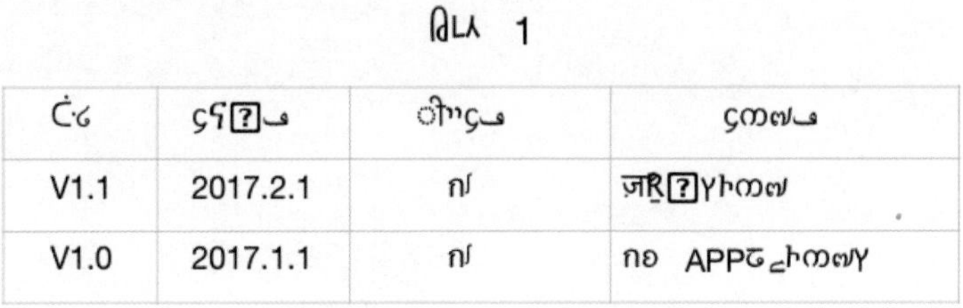

图 6-13　复制 Excel 表格导致乱码

说到这里，就不得不隆重介绍一款由谷歌开发的 Sketch Material 插件，利用它和 Numbers 即可在 Sketch 中完成表格的插入工作。首先，需要先在 Numbers 表格中编写好修订记录的内容，并且选中表格的内容进行复制，如图 6-14 所示。

图 6-14　在 Excel 中记录修改历史

其次，打开安装好的 Sketch Material，路径为选择 "Plugins" → "Sketch Material" → "Table" 命令。如图 6-15 所示，打开 Table 管理界面。

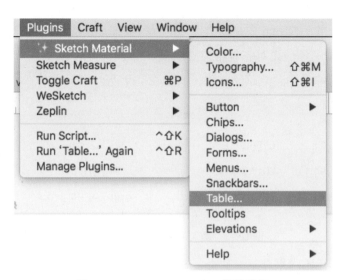

图 6-15　Sketch Material 插件路径

　　再次，在 Table 管理界面，把 Numbers 表格的内容粘贴到中间的表格中。这里的表格区域是可以增删查改的，用户可以直接增加、修改和删除表格中的内容；也可以右击出现表格管理菜单，增加或删除表格，如图 6-16 所示。

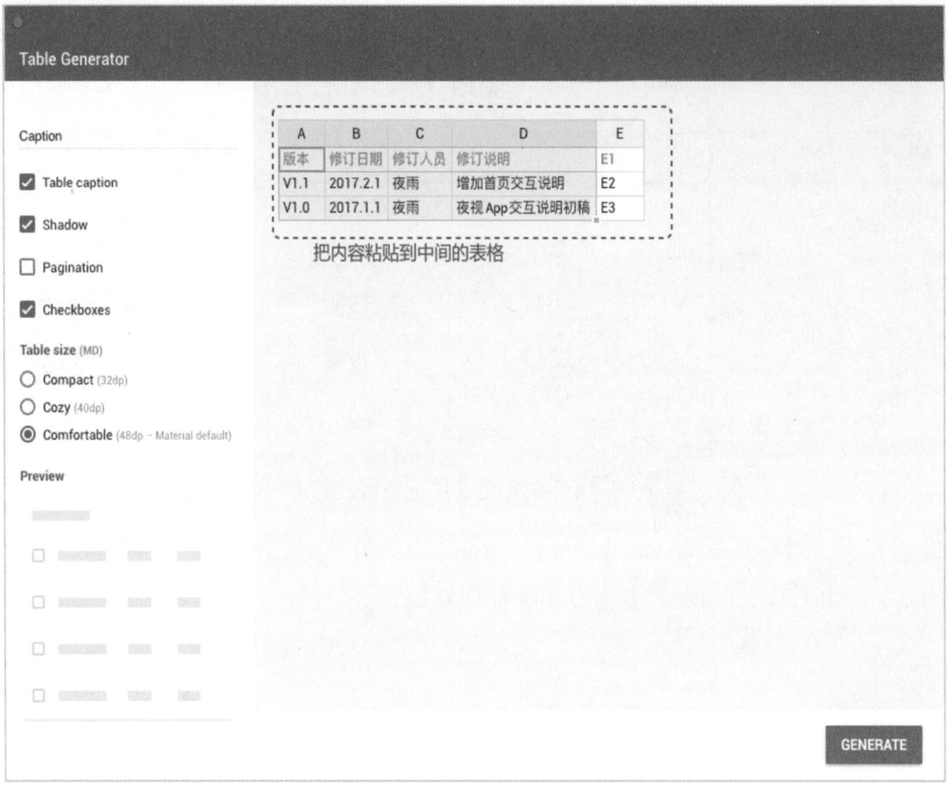

图 6-16　Table 管理页面

最后，表格的内容确认后，单击"GENERATE"按钮即可得到开头所示的一张二维表格了。此外，还可以自定义表格展示的内容，在 Table 管理界面左侧进行设置即可，如图 6-17 所示。

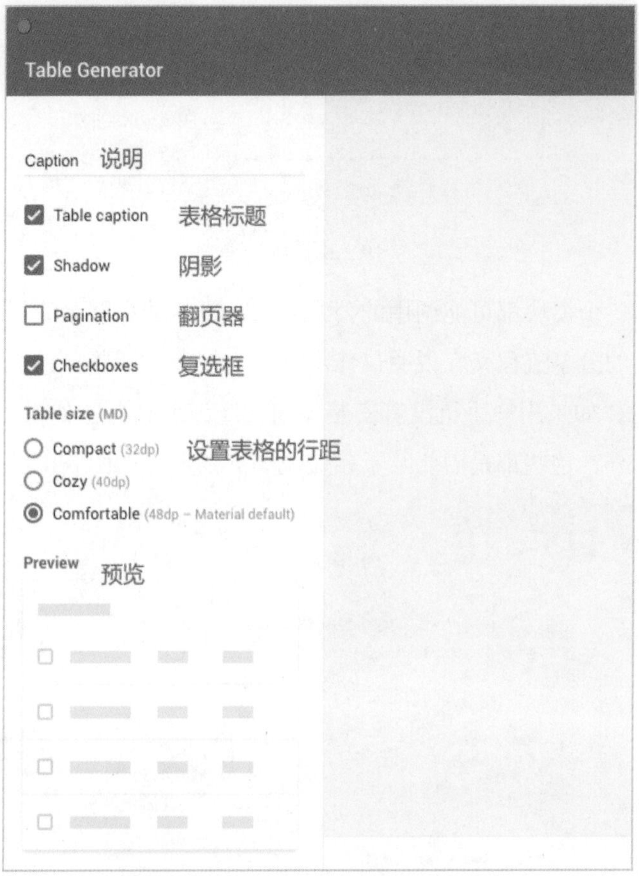

图 6-17　自定义表格展示的内容

5. 全局交互

全局交互说明部分是指把所有可复用的交互说明都集中在同一个地方，在其他交互说明中遇到同样的情形时直接引用这部分内容即可，不再重复阐述。如移动应用中扫描二维码的交互说明，就是典型的可以放在全局交互的例子，因为扫码是应用的通用模块，它可能出现在多个页面中，每个页面都针对扫码功能重复写一份交互说明显然是不合理的。有 3 种类型的内容可以考虑添加在全局交互说明中，分别是通用模块、通用流程和通用方案。

通用模块一般指大量页面都复用的模块，如扫码、搜索、底栏菜单、浮层、弹框等。以底栏菜单为例，这是首页、分类、关注和我的页面都会用到的公共模块，可以把它单独提取出来，编写这个模块的交互说明内容。当然，这里编写的交互说明比较简单，至少还应该包括各种 icon 的变化（如选中状态、默认状态）等描述，如图 6-18 所示。

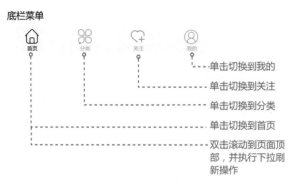

图 6-18　全局交互说明

通用流程一般指各个模块都可能调用的公共流程，常见的有登录流程、分享流程、支付流程等。同样地，下面的分享流程交互说明仅作示意，它缺少了一些异常的支线流程，如分享到微信或微信朋友圈时，如果用户手机没有安装微信，应该怎么办？如果用户在分享的过程中，终止之后，应该怎么办？这些都是需要给予相应说明的情形，如图 6-19 所示。

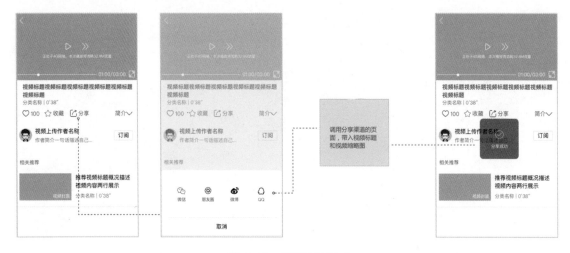

图 6-19　通用流程说明

通用方案一般指应用发生某种情况或异常时，应该采取何种办法或措施来应对，如服务器异常、网络异常、应用程序崩溃等情形出现时，应该采用何种解决方案来应对。

6. 页面流程

页面跳转都是需要遵循一定的逻辑的，页面流程的目的就是把这种页面跳转的逻辑说得清楚明白。特别是对于层次较深的页面来说，页面流程就显得特别重要。所以，一般不建议页面藏得太深，最好用户只需 3 步操作就能找到自己想要的内容。页面流程说明一般采用连线的方式来表达页面之间的跳转关系，使用"矢量工具"即可完成页面之间的连线操作，如图 6-20 所示。

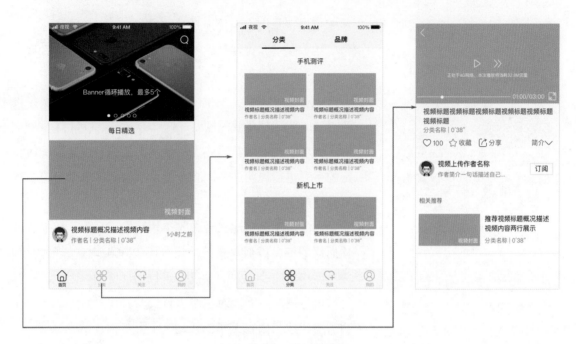

图 6-20　页面流程说明

7. 链接指向

链接指向是交互说明中最常见的情形，它包括页面上的链接事件和按钮的指向事件。它们有的链接到具体某个页面，如点击"我的"页面中"播放记录"选项，则跳转到播放记录页；有的操作后获得了一个反馈结果，如点击"清除缓存"选项，则直接清除应用的缓存，清除成功后则返回结果，如图 6-21 所示。

8. 内容说明

表单填写、上传文件、发送表情等输入类内容，以及文本、图像、列表等输出类内容，都属于内容说明的范畴。按照说明的顺序，可以将其划分为数据来源、展示方式、排序规则和字段说明 4 类。数据来源、展示方式、排序规则常见于输出类内容中，如夜视 App 分类页面中的视频列表，如图 6-22 所示。

图 6-21　链接指向说明

（1）数据来源：分类视频数据来源于哪里，是用户上传还是系统推荐？

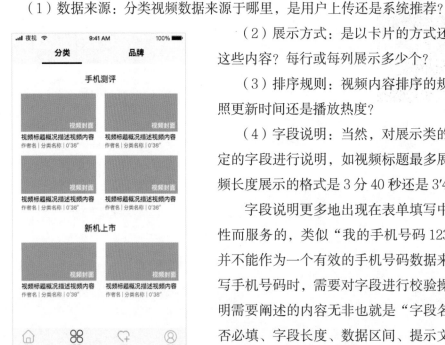

图 6-22　夜视 App 分类页面

（2）展示方式：是以卡片的方式还是列表的方式展示这些内容？每行或每列展示多少个？

（3）排序规则：视频内容排序的规则是怎样的，是按照更新时间还是播放热度？

（4）字段说明：当然，对展示类的内容也需要针对特定的字段进行说明，如视频标题最多展示多少个字符？视频长度展示的格式是 3 分 40 秒还是 3′40″？

字段说明更多地出现在表单填写中，是为了数据有效性而服务的，类似"我的手机号码 123564"这样的内容，并不能作为一个有效的手机号码数据来使用。因此，在填写手机号码时，需要对字段进行校验操作。另外，字段说明需要阐述的内容无非也就是"字段名称、字段类型、是否必填、字段长度、数据区间、提示文字、默认键盘"等千篇一律的内容，所以强烈推荐使用二维表格来整理字段说明，这样更直观可见。以下为夜视 App 中常见的字段说明整理，如表 6-1 所示。

表 6-1　字段说明

模块	字段名称	字段类型	是否必填	字段长度	数据区间	提示文字	默认键盘	其他说明
登录	手机号	text	是	11	—	请输入手机号	数字键盘	—
登录	密码	text	是	6~18	—	请输入密码	英文全键盘	—
我的	用户名	text	是	1~30	—	—	中文全键盘	用户名不能重复占用
视频	视频标题	text	—	—	—	—	—	—
视频	视频长度	时间	—	—	—	—	—	格式为：mm′ss″

9. 交互状态

在人机交互领域中，"反馈"一直是不可或缺的环节，人类对机器下达指令后，需要机器给予互动反馈，这样交互才能得以继续进行下去，否则，人类会觉得这个机器已经坏掉了。同样地，用户操作产品时，也需要产品给予反馈，才能完成交互操作，而大量的反馈都是可以通过交互状态的变化来实现的。浏览器进度条加载状态的变化，可以告知用户网站打开的程度；按钮不可用状态，可以告知用户按钮不可单击；输入框处于出错状态，可以告知用户输入的内容有误……所有涉及交互状态变化的内容，都应该在交互说明中体现出来。以夜视 App 登录页面为例，"登录"按钮包括 3 种状态：默认状态、按下状态和禁用状态（输入错误时）；手机号输入框也包括 4 种状态，即默认状态、触碰状态、输入状态及出错状态，如图 6-23 所示。

图 6-23　交互状态说明

10. 手势说明

时至今日，对于多点触控（Multi Touch）我们早已经不再陌生，这得益于苹果公司在 2007 年发布的第一代 iPhone 手机，由多点触控技术衍生出来的缩放手势交互，给手机行业带来了革命性的影响。手势交互是手机端应用的标配，所以针对移动端的交互说明，一定要有手势说明。

在移动端中，手势包括 7 大类交互动作，分别如下。

（1）轻触（Tap）：单击、双击。

（2）长按（Press）。

（3）滑动（Swipe）：上滑、下滑、左滑、右滑。

（4）捏合（Pinch）。

（5）展开（Spread）。

（6）旋转（rotate）：左旋，右旋。

（7）按压：3D Touch。

在项目应用中，需要把用到的手势交互都标记出来，最好制作一份手型的图标用来标记手势交互动作，如图 6-24 所示的是播放器的手势交互说明示例图，主要是通过手势上滑、下滑调整屏幕的亮度，满足用户在观看视频时对调整亮度的需求。

图 6-24   手势说明

11. 动效说明

在项目时间充裕的前提下，适当地给产品增加一些动效，能起到提升用户体验的作用，如页面加载过程中增加一些趣味的加载动效，可以让用户忘记等待时间。然而，要让工程师实现这些动效效果，不是把一份 GIF 文件交给工程师那么简单，而是需要动效说明，把动效实现的效果用开发程序能明白的语言表述出来。动效说明应该准确描述为以下 4 个方面的内容。

（1）触发动效的动作：如手势操作单击、按压、滑动等。

（2）起点和终点：动效变化的起点和终点。

（3）时间和曲线：动效变化过程经历的时间，如多少秒；运动的曲线是怎么样的，如 Ease Both、Spring 等曲线。

（4）先后顺序和组合关系：动效变化的先后顺序。

是不是比较抽象？没关系，下面用一个圆形从小变大的动效需求来说明为什么需要这些内容。先是触发动作点击事件圆形才会变大，然后变大过程的起点和终点是 X 轴平移 100，接着按照某种曲线运动大约 1 秒，最后，先沿着 Y 轴再沿着 X 轴运动，如图 6-25 所示。

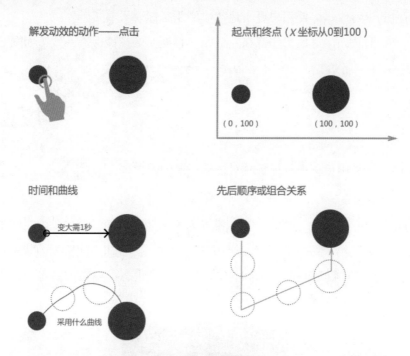

图 6-25　动效说明

对于动效说明需要提供哪些具体的参数给开发工程师，将在第 7 章动效设计中详解。

☆重点 6.1.3　交互规范

1. 交互规范的定义

作为一名交互设计师，大家对 iOS 和 Android 平台的设计规范已经耳熟能详。这些优秀的设计规范不仅对视觉设计进行了规范，而且从用户体验的角度提出更多可用性的设计建议，类似的设计规范还有微软的 UWP 设计规范、微信小程序设计指南等。交互规范就是参考其中类似的设计理念，结合项目实际影响体验的部分交互元素，最终形成的一份设计指南。

交互规范不等于视觉规范，也不等于控件规范。交互规范中不要出现与样式相关的内容——颜色、尺寸、字体、间距等，因为这部分属于视觉设计师在视觉规范中需要出现的内容。交互规范应该包括设计原则、控件规范、加载规范和信息提示等方面的内容，而且，交互规范必须给予参考的应用场景。下面将以夜视 App 为例，逐一介绍交互规范应该怎么写。

2. 设计原则

交互规范的第一部分内容就是设计原则。夜视 App 共有 4 个设计原则：体验一致、即时可见、异常可控及人性有爱。

（1）体验一致：包括交互一致、控件一致。在不同页面尽量使用一致的交互和控件方式，能有效降低用户的学习成本，使用户更快地达成使用目标。

应用示例：不同页面的返回操作都在左上角，且返回的控件保持一致，如图 6-26 所示。

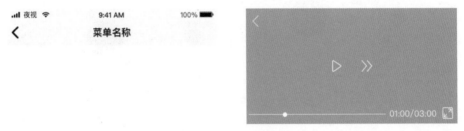

图 6-26　体验一致原则

（2）即时可见：状态可见、即时反馈。视频列表、播放页面需要较长的时间加载，可能会引起用户的不适，需要给予即时的反馈安抚用户，并且明确告知当前所处的状态。

应用示例：首页下拉刷新视频，即时给予用户反馈状态"视频内容更新中"，如图 6-27 所示。

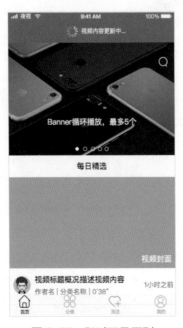

图 6-27　即时可见原则

（3）异常可控：预防出错，容错性高。建立良好的错误预防机制，尽可能地减少用户出错的概率，将"不可控的错误"变成"可用的异常"，如果错误不可避免地发生了，应该提供必要的文字说明，并且告知其解决方案。

应用示例：登录页手机号码的输入建立了两重防错机制，即"输入手机号提示文字"及"默认的数字键盘"，如果用户依然把自己的号码输错，则点击登录时给予相应的提示，如图 6-28 所示。

（4）人性有爱：友好提示、避免干扰。尽量避免设计无关的内容对用户目标造成干扰，如果确实需要打断用户，应该用友好礼貌的语言提示用户。

应用示例：用户全屏观看视频时，应尽量避免弹框、悬浮广告等干扰用户的内容出现；视频即将播放完毕时，用友好的语言提示用户"即将播放下一集"，用户可以选择"重播"操作，如图 6-29 所示。

图 6-28　异常可控原则

图 6-29　人性有爱原则

3. 控件规范

交互规范中最常见的部分就是控件规范，很多人经常把交互控件规范和视觉控件规范混为一谈，这是错误的。前面已经提到，视觉控件规范中一般为颜色、尺寸、字体、间距等 CSS 样式相关的内容，而交互控件规范则是控件使用场景和交互规则的描述。以完成、警告、错误图标控件为例，交互控件规范会先给出图标的含义和使用规则，最后给出应用场景："上面 3

个图标从左到右通常代表正确、错误、警告的含义，应该根据当前用户所处的场景正确选择相应的图标，常见于弹框或浮层中。"而视觉则会给出图标的颜色、尺寸及图标的风格描述等内容。所以，两者是有明显区别的，如图 6-30 所示。

图 6-30　交互控件规范和视觉控件规范的区别

夜视 App 交互控件规范部分，除了上述举例的图标控件之外，还有输入框、弹框、浮层等常见的控件规范。

（1）输入框控件规范。

① 整体指导：输入框用于显示、输入或编辑文本，包含单行输入和多行输入。当焦点进入文本框时，键盘就会出现，要根据输入框输入的内容选择相应的默认键盘，并注意键盘对输入框的遮挡情况。

② 交互细节：规范了默认状态（显示提示文字）、触碰状态（调用相应的键盘，提示文字不消失）、输入状态（提示文字，显示输入的内容，超过限制字数，不可输入）、出错状态（输入边框变红，视情况增加错误提示文字）等 4 种交互细节，如图 6-31（a）所示。

③ 多行输入：适用于输入多行内容，建议增加计数器计算输入的内容字数，让用户有一个明确的预期，如图 6-31（b）所示。

④ 调用键盘：用手机号码输入框调用键盘的示例，解释了键盘调用的情形，如图 6-31（c）所示。

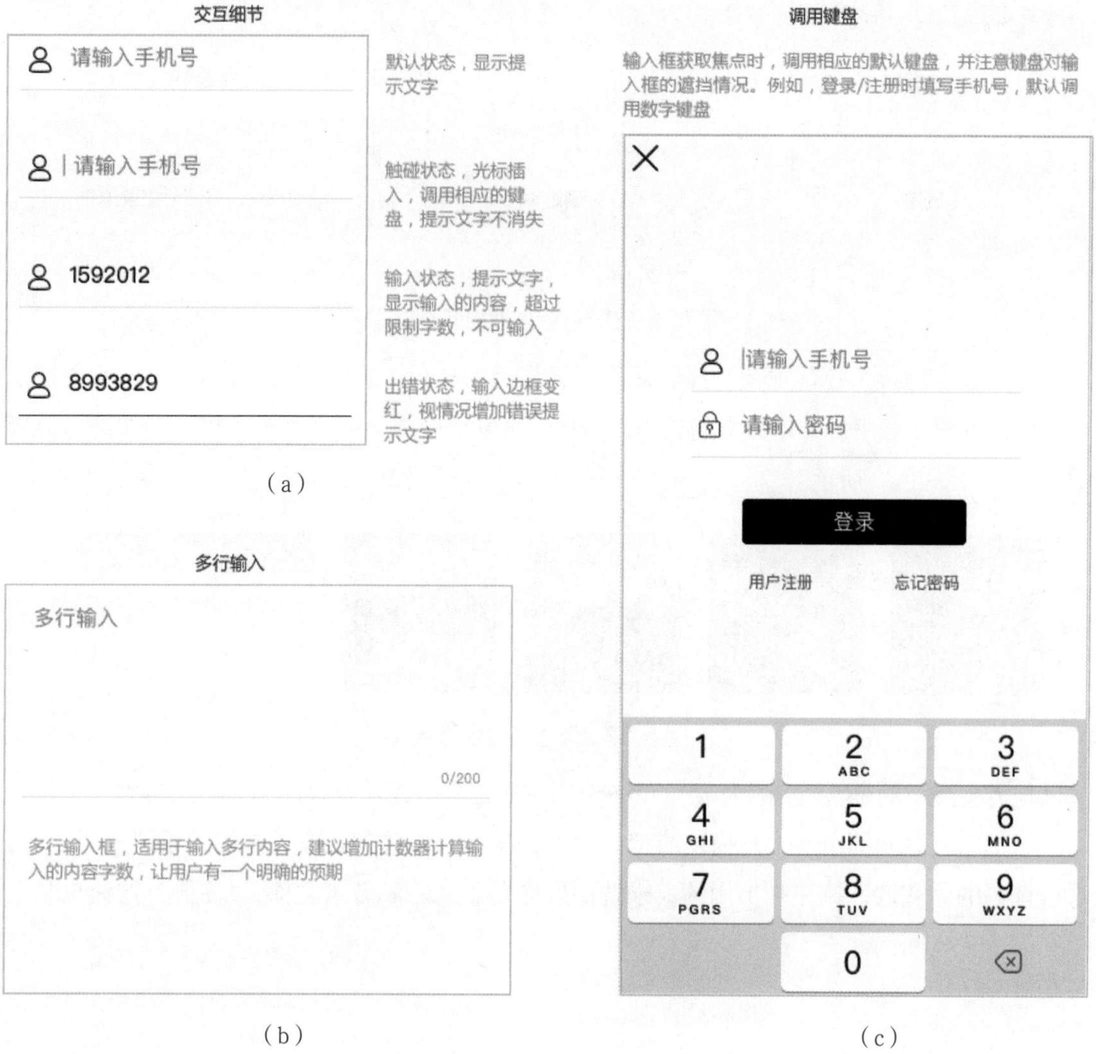

交互细节

		默认状态，显示提示文字
👤 请输入手机号		

👤 |请输入手机号　　　　触碰状态，光标插入，调用相应的键盘，提示文字不消失

👤 1592012　　　　　输入状态，提示文字，显示输入的内容，超过限制字数，不可输入

👤 8993829　　　　　出错状态，输入边框变红，视情况增加错误提示文字

（a）

调用键盘

输入框获取焦点时，调用相应的默认键盘，并注意键盘对输入框的遮挡情况。例如，登录/注册时填写手机号，默认调用数字键盘

多行输入

多行输入

0/200

多行输入框，适用于输入多行内容，建议增加计数器计算输入的内容字数，让用户有一个明确的预期

（b）

✕

👤 |请输入手机号

🔒 请输入密码

登　录

用户注册　　　　　忘记密码

1	2 ABC	3 DEF
4 GHI	5 JKL	6 MNO
7 PGRS	8 TUV	9 WXYZ
	0	⌫

（c）

图 6-31　输入框控件规范

（2）弹框控件规范。弹框用于传达与应用或设备状态有关的重要信息，并且要求用户明确或做出选择，因为弹框会打断用户当前操作，破坏用户体验，所以要确保每个弹框提供关键的信息和有用的选择。弹框由标题、可选的信息提示、一个或多个按钮组成，标题和信息提示内容尽可能简短明了，如图 6-32 所示。

图 6-32   弹框控件规范

（3）浮层（Toast）控件规范。浮层适用于轻量级的提示，1.5 秒后会自动消失，不会打断用户的操作流程，对用户的体验影响较小，可用于成功、错误、轻度警告等提示，如网络链接异常提示，如图 6-33 所示。

图 6-33   浮层控件规范

其他需要注意的是，由于控件很少单一使用，而是多个控件组合使用，因此遇到控件组合时，应该把它们之间的组合关系描述清楚。例如，夜视 App 注册页面，在输入手机号码之前，获取验证码的"获取"按钮是禁用的；未选中服务条款和隐私政策之前，"注册"按钮也是禁用的，如图 6-34 所示。

图 6-34   控件组合使用的情形

4.加载规范

当页面或内容正在加载时，用户可能需要长时间的等待，期间用户无法获取到有效信息，用户是失望和焦虑的，因此，应该采取必要的手段来提升加载的体验。

（1）优化加载的方式。尽快显示内容才符合用户对加载的预期，优化加载方式能明显提升加载的速度。具体做法是先通过占位符的方式进行框架加载，然后按照加载速度快慢（文字 > 图片 > 动画）顺序加载内容。此外，局部加载优于全局加载，如先加载一屏内容，用户滚动屏幕时再加载其他内容，如图 6-35 所示。

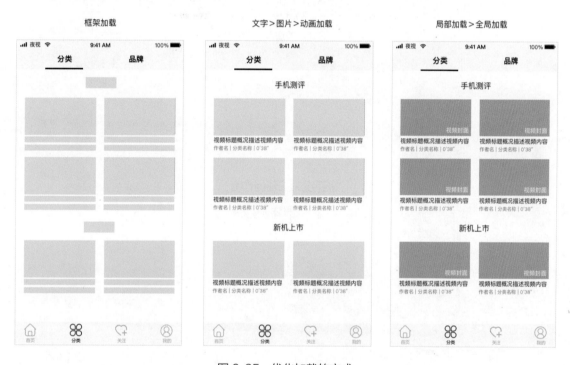

图 6-35　优化加载的方式

（2）务必给予加载反馈。加载过程中务必保持加载反馈提示，否则用户会误以为页面已经卡死。若加载时间过长，应该提供加载的进度提示和"取消"操作。

（3）提供有趣的加载动画。千篇一律的"转菊花"加载动画会让用户感到疲倦，可能会加重用户的等待烦躁情绪，可试图结合自身产品特色自定义一些有趣的加载动画，让用户获得沉浸式的体验。

5.信息提示

信息提示可能是交互规范中最容易被忽略的内容，根据尼尔森可用性原则第 10 条：Help

and Documentation（帮助和文档，如果系统不使用文档是最好的，但是有必要提供帮助和文档）的指引，产品中提供适当的信息提示是有必要的，用户不会像专家一样，一上来就清楚产品中所有的逻辑和定义。信息提示可以帮助用户理解那些未知或不太熟悉的、用户界面上又缺乏直接描述的对象。

（1）信息提示应该是恰到好处的。在页面中出现密密麻麻的信息提示是多余的，信息提示应该结合具体场景来使用，如在输入框中出现信息提示文字，引导用户输入内容；空白页面出现信息提示，告知用户空白状态的原因，并提供解决的方案，如图 6-36 所示。

图 6-36　信息提示应该是恰到好处的

（2）信息提示应该是通俗易懂、友好礼貌的。信息提示是帮助用户理解未知或不熟悉的内容的，所以信息提示应通俗易懂，尽量避免出现专业的术语、生僻字，而且，信息提示语应做到友好礼貌，辱骂和攻击性的词语是绝对不能出现的。

6.2　视觉设计输出物

虽然几乎所有章节的内容都与交互设计相关，鲜有提及视觉设计部分的内容，但是 Sketch 也是一款优秀的视觉设计软件。为整个项目提供设计服务离不开交互设计师和视觉设计师的紧密配合，如前面介绍的 Symbol 的制作，就是交互设计师和视觉设计师紧密配合制作的结晶。所以，深入了解视觉设计师需要输出的内容，对于双方更好地开展合作是十分有帮助的。

视觉设计输出物包括视觉风格探索、视觉页面、视觉规范、视觉标注和切图资源等内容，其中，视觉页面和交互设计高保真原型，可以看作为重合的内容；基于 Symbol 库制作视觉规范，和交互控件规范也有重合的部分。

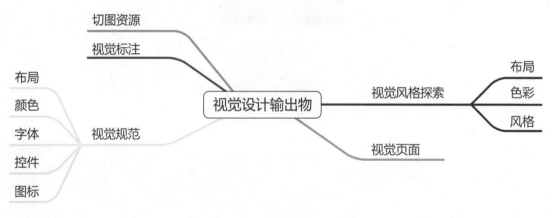

图 6-37　视觉设计输出物

6.2.1　视觉风格探索

视觉风格探索包括布局、色彩、风格方面的探索，也是初级视觉设计师容易忽略的输出物内容。一般顶多出两种视觉设计方案，但可能被挑剔说颜色太淡了，或图标不好看，视觉设计稿沦为个人主观判断喜好的产物，但视觉设计师也拿不出科学的依据说明为什么要这样设计。

视觉风格探索，就是视觉设计师告诉大家为什么要这样设计，它应该包括整体的风格示意图，即视觉设计稿，以及局部内容设计解释说明。以解释"为什么按钮、卡片设计成圆形弧度"为例，设计依据可能是这样的："Ed Connor 和 Neeraja Balachander 在神经造影实验中发现，人们不仅喜欢更圆润的图形，而且在观察那些更圆润、弧度较大的图形时大脑皮层视觉中枢的活动更为活跃。"这样比主观的感受或现在流行这样设计的解释更令人信服，如图 6-38 所示。

图 6-38　视觉风格探索

6.2.2　视觉页面

在 Sketch 中，建议交互设计师产出的高保真原型和视觉页面是统一的，或这样说，交互设计师无须单独制作高保真原型，只需要和视觉设计师合作制作视觉还原程度的 Sketch UI kit（Symbol 库），就可以使用控件直接输出视觉页面给开发工程师，进入开发流程。视觉设计师也可以从大量的重复页面制作工作中解脱出来，专注于视觉传达优化的需求，如图 6-39 所示。

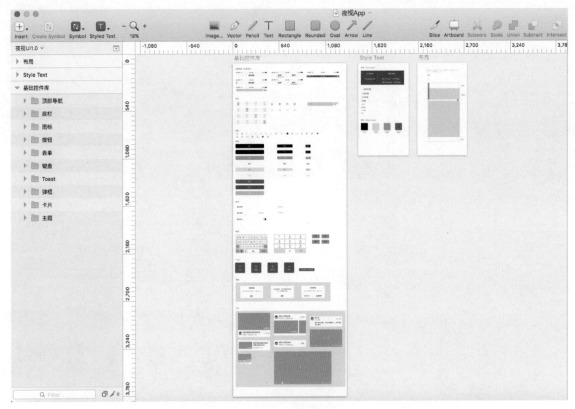

图 6-39　视觉界面

☆重点 **6.2.3　视觉规范**

视觉规范是视觉设计师在设计过程中归纳总结的抽象的、高层次的设计语言，是视觉设计师专业度的体现。标准的视觉规范应至少包括布局、颜色、字体、控件和图标等内容，还可以根据项目需求增加 LOGO、VI（Visual Identity，视觉识别系统）等更深层次的内容。视觉规范，应该结合 Symbol 一起进行制作。

1. 布局规范

从前面"栅格布局"中已经了解到，移动端同样适用栅格布局的设定，所以视觉规范中应该包括布局方面的规范。其中，还可以针对设计稿尺寸和兼容性做出进一步说明：设计稿以 iPhone 8 的尺寸 375pt×667pt 为基准，向上兼容 iPhone 8 Plus、iPhone X，向下兼容 iPhone SE，如图 6-40 所示。

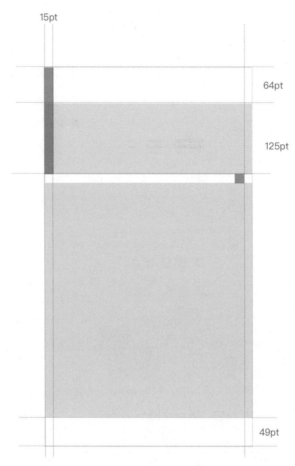

图 6-40　布局规范

2. 颜色规范

在颜色规范中，需要给出项目的主色、辅助色等颜色代码，并且简要说明色彩的含义，如图 6-41 所示。

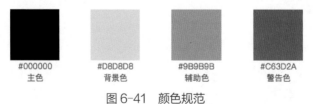

图 6-41　颜色规范

3. 字体规范

字体规范，需给出中英文字体类型，字体大小、字重（字体笔画的粗细）和适用场景等内容，如图 6-42 所示。

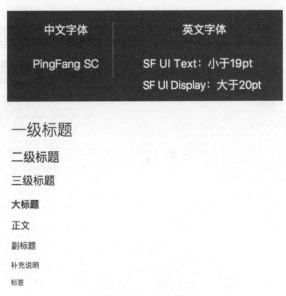

图 6-42　字体规范

可能大家会觉得图 6-42 下方的字体缺失了关键性的字体类型、大小、字重等信息，因为这是使用 Styled Text 制作的（详见第 4 章），用户可以在右侧额外补充说明文字，也可以选择工具栏的"Styled Text"选项，字体类型、大小、字重等信息就一目了然了，如图 6-43 所示。

图 6-43　Styled Text 查看字体规范

4. 控件规范

控件规范，需要给出所有常用的控件资源，并且给出控件的默认、触碰和出错等不同状态的样式，如图 6-44 所示。

图 6-44   视觉控件规范

5. 图标规范

图标规范是所有项目中使用到的图标及图标的风格说明，如"线性图标，线框粗细为 2px"，如图 6-45 所示。

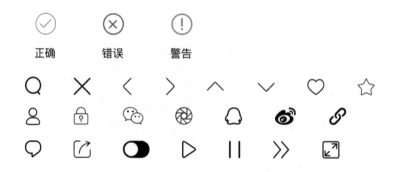

图 6-45   视觉图标规范

☆重点 6.2.4   视觉标注

视觉标注是视觉设计师需要提供给前端开发工程师的输出物，否则前端工程师无法定义尺寸、颜色、间距等 CSS 属性，传统的视觉标注可能是这样的：在设计稿上密密麻麻地标注好需要的 CSS 样式属性，不仅标注的人累，看的人也累，如图 6-46 所示。

图 6-46　旧版视觉标注

　　这样的标注方式，在 Sketch 中同样可以使用 Sketch Measure 插件来实现。只需要选中图层，再依次选择"Plugins"→"Sketch Measure"→"标注尺寸""标注间隔"或"标注属性"命令即可。如果是个别页面，可以采用这样的方式进行标注，如图 6-47 所示。

图 6-47　Sketch Measure 插件标注

　　但是，Sketch Measure 还有另外一种更简单的生成视觉标注的方式，还记得本章开始介绍利用它生成原型的过程吗？与生成视觉标注的流程是一样的，选择"Plugins"→"Sketch Measure"→"导出规范"命令，打开选择画板界面，再根据提示导出即可。过程请参考交互方案和交互原型，如图 6-48 所示。

图 6-48　Sketch Measure 导出规范

　　导出完成后，找到"index.html"文件，然后双击打开它，我们试着单击页面中间的元素，如按钮，就可以看到按钮的尺寸标记，并且，右侧弹出的面板中还包括了位置、不透明度、圆角、填充颜色等信息。更惊喜的是，也能看到前端代码模板，还提供了 Android 和 iOS 平台的代码，如图 6-49 所示。

图 6-49　视觉规范查看

使用 Sketch Measure 一键导出视觉标注，可以大大减轻视觉设计师的工作量，也方便了前端工程师的查看。另外，Sketch Measure 导出的文件还可以设置多种设备的尺寸进行查看。在打开的页面中单击右上角的"标准像素"，就可以切换到不同的设备尺寸标记进行查看，如图 6-50 所示，是不是十分方便？开发工程师反馈：眼眶都湿润了，看 750pt×1334pt 的设计稿终于不用再默默除以二了。

图 6-50　切换像素标准查看

☆重点 6.2.5　切图资源

如果对视觉设计不了解，就可能对"切图"没什么概念。简单来说，"切图"就是把视觉设计的资源整块搬到网页中，如设计好的 icon，前端工程师是没办法像写一行背景颜色代码那样把设计稿的 icon 还原出来的。所以，需要把 icon 先从视觉稿中导出来，导出格式为 PNG 或

SVG 的图片，再把 icon 图片加入网页的样式库中。导出的过程，就是所谓的"切图"。切图的对象一般是 icon。

在 Sketch 中，"切图"统一使用"Slice"切图工具，先在工具栏选择"Slice"选项，再选中 icon 所在的图层或画板即可。导出前可以设置导出的格式和大小，也可以同时导出多种尺寸的切图，如图 6-51 所示。

图 6-51　切图

需要注意的是，视觉标注和切图资源可以一并通过 Sketch Measure 导出。首先在 Sketch 使用"Slice"切图工具标记好切图资源，如"搜索"图标，并设置好导出的样式，但先不要导出，如图 6-52 所示。

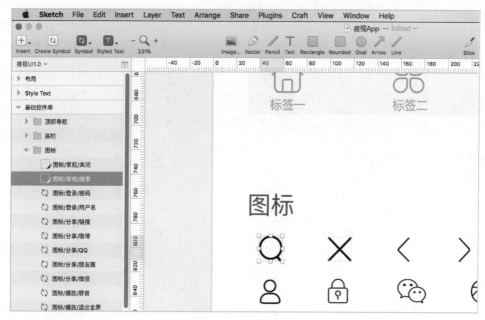

图 6-52　做好切图标记

其次，通过 Sketch Measure，按照前面的方法，导出 HTML 格式的文件并打开，单击刚才的切图资源——搜索图标，就可以发现原本显示代码的位置，提示有图片格式的文件。单击该文件，可以查看或下载。同时，在左上角单击切图形状的图标，可以看到所有标记为切图的资源，单击即可切换查看，如图 6-53 所示。

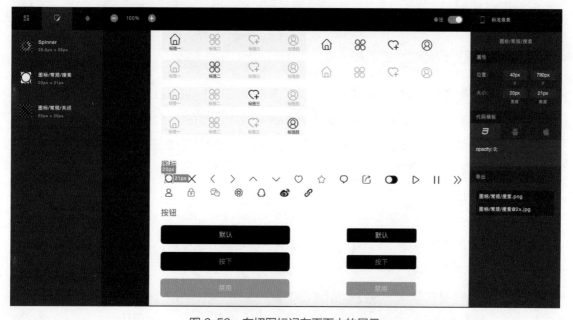

图 6-53　有切图标记在页面中的展示

最后，通过查看 Sketch Measure 的文件夹，发现切图资源也按照 Sketch 中分组的方式整理好了，且命名的方式和 Sketch 中预设的命名是一致的。Sketch Measure 插件强大的地方就在于它真正提高了视觉设计师的工作效率，Sketch 为首选安装插件，如图 6-54 所示。

图 6-54　查看切图资源

◢ 知识拓展

1. 交互、视觉规范建立的时机

交互、视觉规范建立的时机很重要，虽然说最理想的状态是在设计前把规范给出，但是在实际项目过程中基本是不可能发生的。现在几乎所有的项目都在快速迭代，产品和设计在项目初期都处于不断试错的阶段，设计一开始并不能保证可以定义出一个绝对"正确"的规范出来。通常情况下，针对不同体量的项目，建立规范的时机也不尽一致。

（1）中小项目可在 V1.0 版本上线后建立规范。中小型项目参与设计或开发的人员都不多，没必要一开始就投入人力去做规范。在 V1.0 版本上线之前，可能视觉风格都没有定型，上线后又要推翻之前的规范重做，得不偿失。所以中小项目建立规范的时机可选择在 V1.0 版本上线之后，下一次迭代之前。

（2）大型项目需在 V1.0 版本上线前建立规范。大型项目参与的设计和开发人员较多，不能等到 V1.0 版本上线之后才建立规范。没有规范的统一性指导，视觉设计难以统一，前端工程师也不能根据规范高效地封装控件。所以，大型项目在设计风格定型后就需要把设计师组织起来，合力制定设计规范，为后续的页面设计和开发提供统一性指引。

（3）老旧项目应在前端重构时再建立规范。对于一些原来没有建立规范或规范已经很久没有更新的老旧项目，在前端重构时再建立规范无疑是最好的时机，如图 6-55 所示。

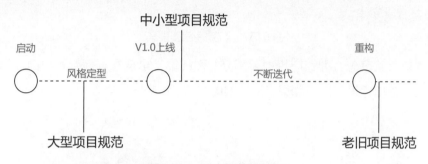

图 6-55　建立规范的时机

（4）设计规范也需要不断的迭代。完成 1.0 版本设计规范之后，并不意味着可以高枕无忧了。因为产品在不断迭代，设计趋势也日新月异，过时的设计规范反而会束缚项目设计基因的进化，所以保持视觉规范的迭代是很有必要的。

2.Sketch 切图小技巧

众所周知，在 Sketch 中切图是很方便的，只需要在"Slice"工具选中需要切图的图层或画板即可。但是，在实际使用中，还会遇到一些突发的情况，下面介绍解决这些疑难杂症可以使用什么方法。

（1）切一半怎么解决？在 Sketch 中，通常会看到几个图层归到一组的情况，如一个页签组件，它包括梯形背景、关闭按钮、文本 3 个部分的内容，如果只想把梯形切出来，直接把 Slice 放上去就会出现导出全部内容的情况，如图 6-56 所示。

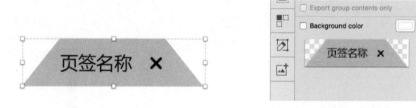

图 6-56　切图切一半的情况

这时，就可以利用图层隐藏的技巧，在不需要导出的图层上单击"眼睛"符号隐藏起来，再查看导出预览，就会只剩下梯形背景了，如图 6-57 所示。

图 6-57　切图时隐藏图层

（2）不想要背景色怎么办？应用中大部分的图标都是出现在页面背景中的，如菜单图标，如果直接切图，会把背景色也一并切出来，如图 6-58 所示。

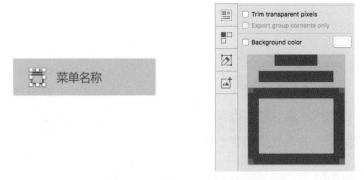

图 6-58　切图时附带背景色

如果菜单图标是 Symbol 组件，可以双击进入 Symbol 页面进行切图。如果菜单图标不是 Symbol 组件，可以采用另外一种方法，把带有切图标记的图层，放到菜单图标所在的组中去，在导出设置中选中"Export group contents only"复选框（仅导出当前组的内容），再查看预览，这时已经去掉背景色了。该复选框下方还有"Background color"（背景颜色）的设置，可以按需使用，如图 6-59 所示。

图 6-59　切图时去掉背景色

3. 如何教会前端工程师切图

在为数不少的企业中，前端工程师承担着切图的工作。通常视觉设计师完成设计后，只是把 PSD 文件发送给到前端工程师，前端工程师也习惯了使用 Photoshop 工具查看标注和切图。突然转换到 Sketch 查看标注和切图的工作模式，对于前端工程师来说是极度陌生的，所以如何快速和前端工程师沟通切图是推广 Sketch 的首要难题。

虽然切图工作可以转移到视觉设计师身上，视觉设计师可以直接使用 Sketch Measure 插件导出视觉标注和切图资源，但是视觉设计师不能保证每次输出的切图资源都是前端工程师想要的内容，中间会掺夹着潜在的沟通成本。所以，应该用最快的时间教会前端工程师切图操作，其操作只需 3 步。

第一步 安装好 Sketch 和 Sketch Measure 插件。先帮助前端工程师安装好 Sketch 和 Sketch Measure 插件，前提是前端工程师都使用 Mac 计算机。

第二步 介绍页面、图层和切图工具。与前端工程说明如何查看页面、图层，并且告知需要使用切图工具进行切图，导出的格式和倍率是可选的，并且演示一下切图从开始到保存成功的过程。需要告诉前端工程师，快捷键是"S"键，还有上文提及的切图的小技巧。

第三步 如何查看视觉标注。告诉前端工程师如何在 Sketch 中查看图层的样式，或通过 Sketch Measure 插件一键导出、查看视觉标注。

实战教学

本章用大量篇幅介绍了交互设计的输出物——交互说明文档应该怎么写，包括哪些内容，有哪些注意事项。虽然就各项分别举例进行了说明，但是缺少一份完整的交互说明文档供大家参考。这次实战教学就以登录页面为例，为大家呈上一份完整的交互说明文档。案例涉及的知识点有流程说明、校验说明、指向说明、控件状态说明等交互说明文档相关的内容。按惯例，首先呈上最终需要完成交互说明的页面及说明大纲，大家也可以先自行思考应该怎么写，如图 6-60 所示。

1. 修订记录

2. 登录交互设计思考

3. 流程说明

4. 页面跳转或链接批向说明

5. 字段和校验说明

6. 控件和交互状态说明

图 6-60　登录页面交互说明大纲

1. 修订记录

任何交互说明文档都需要有修订记录，详细记录交互说明文档的日期和修订内容，方便和其他人员进行沟通，夜视 App 登录页面修订记录如表 6-2 所示。

表 6-2　夜视 App 登录页面修订记录

版本	日期	修改人	说明
V1.0	2018-01-01	夜雨	夜视 App 登录页面交互说明初稿

2. 登录交互设计思考

为什么需要用户登录？应该什么时候唤起登录界面？可能大多数人都不会去思考这些本源的问题，但这些问题又值得深思。举个日常大家都会遇到的例子就容易明白了。人们去做头发时，理发师会向顾客推荐办理会员卡，就好比理发店作为"产品"吸引顾客"用户"注册登录。顾客办卡登录后，才真正成为理发店的留存"用户"，能持续为理发店带来价值。直到现在，有些 App 还是一启动就要求用户登录，否则无法使用任何的服务，这与理发店工作人员在门口就把顾客拦截住，要先办卡才能进门做头发没什么区别，是极其愚蠢的赶走新顾客的行为。

所以，夜视 App 需要做用户登录功能，也是为了做好用户留存。这部分用户能为产品持续带来价值，但登录界面的唤起会设置得比较巧妙。用户应当是对服务感到满意后自愿发起注册登录的需求，如视频太精彩忍不住要评论一番，就弹出登录界面引导用户留下来。

3. 流程说明

在前面曾多次强调了流程图的重要作用，在交互说明文档中它的优先级也是最高的。可以这样讲，其他内容都可以舍弃，唯独流程说明不能舍弃。夜视 App 的登录流程如图 6-61 所示。

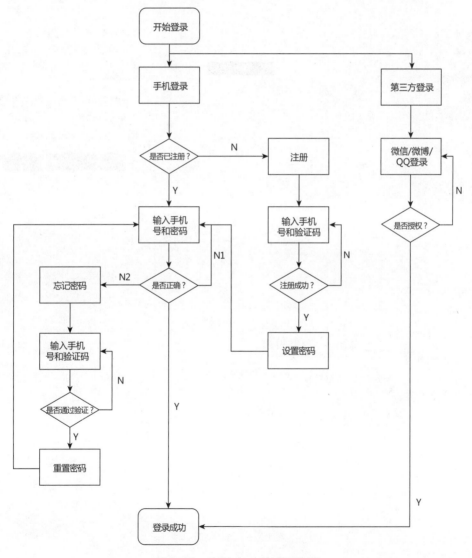

图 6-61　夜视 App 的登录流程

4. 页面跳转和链接指向说明

　　页面跳转和链接指向说明是必需的，它能告诉开发工程师页面从哪里来、可以往哪里去的问题。说明的方式也不拘一格，可以在页面旁边用文字标注页面的跳转逻辑或链接指向，也可以平铺页面，将它们之间的跳转关系用线连起来，如图 6-62 所示。

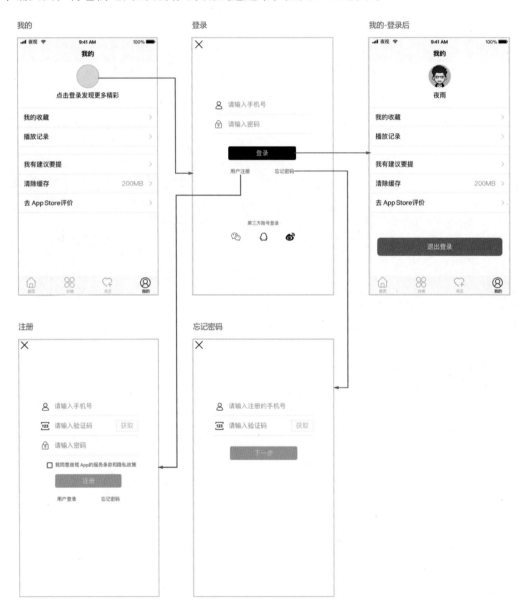

图 6-62　页面跳转说明

5. 字段和校验说明

登录页面有表单输入的内容，即需要输入手机号及密码，这些都是必填项，且需要通过验证后才能登录成功，所以需要增加字段和校验说明。本章也提到，推荐使用二维表格来整理字段说明，所以用表格来编写这部分内容。需注意的是，在移动端中，表单的输入务必考虑默认键盘的说明，如输入手机号。如果默认调起中文全键盘，不仅会导致输入不方便，而且会大大增加出错的概率，如表 6-3 所示。

表 6-3 登录页面字段说明

模块	字段名称	字段类型	是否必填	字段长度	数据区间	提示文字	默认键盘	其他说明
登录	手机号	text	是	11	—	请输入手机号	数字键盘	—
登录	密码	text	是	6~18	—	请输入密码	英文全键盘	—

6. 控件和交互状态说明

控件和交互状态说明会包括一些校验的内容，如手机号、密码为空或输入错误时应该怎么提示，如图 6-63 所示。

1. 手机号、密码任意一项未填写，"登录"按钮置灰不可点击

2. 手机号填写错误时（少填、多填、错填），点击"登录"按钮时提示"请填写正确的手机号码"

3. 手机号填写正确，但未注册时，点击"登录"按钮时弹出"手机号 XX 未注册，是否立即注册？"

4. 手机号码和密码不匹配时，点击"登录"按钮时提示"手机号码或密码错误"

图 6-63 登录校验说明

　　之所以放到这部分来写，是因为校验会涉及控件的组合使用。校验逻辑是手机号、密码任意一项未填写，"登录"按钮置灰色时不可点击，减少为空时点击"登录"按钮的提示；手机号填写错误时（少填、多填、错填），点击"登录"按钮时提示"请填写正确的手机号码"；手机号填写正确，但未注册时，点击"登录"按钮时弹出"手机号 ×× 未注册，是否立即注册？"的提示，引导用户进行注册；手机号码和密码不匹配时，点击"登录"按钮时提示"手机号码或密码错误"。

　　最后，控件和交互状态也需要给出相应的说明，如手机号输入框提示文字什么时候消失，密码应该怎么展示，"登录"按钮的不同状态等。至此，一份完整的交互说明文档已经编写完成。需要注意的是，任何交互说明文档都不能直接套用，要根据项目实际的需求进行编写，多思考，多研究，如图 6-64 所示。

图 6-64　控件交互状态说明

 动脑思考

　　1.换位思考，如果自己是前端工程师，只有光秃秃的原型，能否顺利开展工作？

　　2.把交互规范或视觉规范编写好之后，怎样推动团队成员执行规范的内容？

　　3.看看自己所做的交互设计输出物，想想存在哪些不足的地方？

 动手操作

　　1.找一个注册的页面，尝试编写一份完整的交互说明文档。

　　2.扮演视觉设计师的角色，输出一份视觉设计师的交付物。

第 ⑦ 章　动效设计 Principle

交互设计师不仅承担着让需求落地的交互设计工作，**还肩负着为用户创造愉悦体验的重任**。随着软硬件的发展，动效设计对用户体验的作用越来越明显。

Principle 简单易上手，能与 Sketch 无缝链接，只需要简单的拖曳就能搭建一个在手机上可交互的原型，且在 Principle 中使用到的动效参数，可以直接提供给前端工程师实现。

不要为了单纯追求动效而进行过度设计。 一个看似简单的动效背后，是无数设计师和开发工程师的心血。不同平台、不同开发语言实现动效的机制也不尽相同，设计前需要和前端工程师达成共识。

"刚才我跟前端工程师沟通一个动效能不能实现的问题，他却先跟我要动效参数或代码，开发不是万能的吗？"

"动效的实现，开发工程师不能凭空想象，需要我们提供动效参数文档。"

7.1　需要动效设计的原因

在设计动效之前，可以先问一下自己：为什么需要动效设计？现阶段项目真的需要用到吗？有没有想过一个看似简单的动效，需要前端工程师付出多少心血？在 Android 或 iOS 上面要实现这样的效果，有哪些运行机制，是否有控件支持，流畅程度如何……

☆重点 7.1.1　为用户创造愉悦的体验

在日常工作中，交互设计师不仅承担着让需求落地的交互设计工作，还肩负着为用户创造愉悦体验的重任。随着软硬件的发展，动效设计对用户体验的作用越来越明显。苹果官方文档对动效的解读是这样的："精细而恰当的动画效果可以传达状态，增强用户对于直接操纵的感知，通过视觉化的方式向用户呈现操作结果。"所以，动效设计就是为用户创造愉悦的体验。建议每一个交互设计师都应该掌握至少一款动效设计软件。

7.1.2　验证心中的想法和可行性

如果只是需要一个动起来的"原型"，验证心中的想法和可行性，动效设计也是其中的一种手段。毕竟静态原型很多时候没法从真实、可运行环境的角度说服利益相关人，这样的方案是行得通还是行不通的。有了还原度极高的 DEMO，甚至可以邀请真实的用户进行仿真测试，进而验证方案的可行性。

7.1.3　与开发工程师沟通动态效果

当你拿着原型和已经实现的动态效果，与开发工程师沟通能不能实现此种效果时，开发工程师的内心毫无波动，甚至还有点想笑："这个动效太复杂了，我没研究过，除非你能提供动效的参数或有帮助的代码。"场面一度十分尴尬。原来，还需要动效设计的过程！把动效实现需要的内容准确传达给开发工程师，才能实现心中所想的效果。

7.2　选择 Principle 的原因

动效制作的软件五花八门，不仅有 Adobe 全家桶——Adobe After Effects、Adobe XD、Adobe Flash，也有 Mac 党专用 Flinto、Origami、Principle、Framer 等。这些软件都各自拥有自己独特的优势，或动效齐全，或可视化编程。其中，能与 Sketch 实现无缝链接的 Principle，是 Sketch 原型设计师的首要选择。

7.2.1　Principle 简介

准确来说，Principle 是前 Apple 工程师打造的一款交互原型和动效设计软件，它很好地结合了 Sketch、Keynote、Flash 及 After Effects 等动效制作软件的优点，能快速创建可视化的交互原型和赏心悦目的动态效果，如图 7-1 所示。使用 Principle，能实现页面的转场、页面的联动、加载动画和元素变化等常见效果。当然，它也有局限性，如果涉及数据交互，如 Axure 的中继器效果，它就不是一个最佳的还原工具。

图 7-1　动效设计工具 Principle

7.2.2　Principle 的优势

1. 简单易上手

打开 Principle，就会立即注意到，它与 Sketch 的界面十分相似，它也有工具栏、检查器、Artboard 和图层列表，如图 7-2 所示。而且，它也可以直接从 Sketch 中直接复制和粘贴元素，只需要按 "Cmd+C" 和 "Cmd+V" 组合键即可。不仅如此，Principle 的学习成本非常低，只需要简单地拖曳就能搭建一个在手机上可交互的原型，用时可能不到 5 分钟。这意味着 Principle 的维护成本也比较低，要知道，拒绝做高保真的原型就是因为太费时费力，有这个时间还不如多写一篇交互说明。动效原型设计的时间越短，越有利于低成本去验证心中的想法。

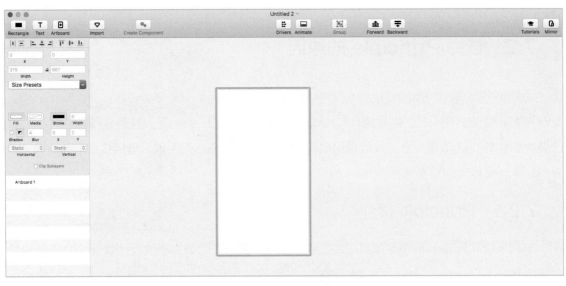

图 7-2　Principle 简单易上手

2. 与 Sketch 无缝链接

在 Principle 工具栏中，有一种工具"Import"，上面还有一颗钻石的图标，这是为 Sketch 量身定制的导入工具。单击它，就能从 Sketch 中导入想要的素材，前提是同时开启 Principle 和 Sketch。另外，务必记住一点，Sketch 的多个图层导入 Principle 中时，会自动合并为一个图层，所以导入之前要仔细检查清楚有哪些图层是不能合并的。

此外，Principle 的快捷键和 Sketch 也是高度重合的，如添加画板（A）、直角矩形（R）、文本工具（T）、编组（Cmd+G）……真正的无缝链接，如图 7-3 所示。

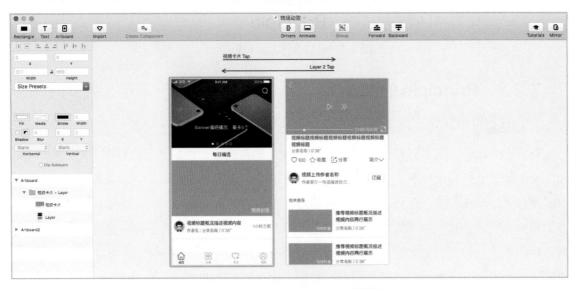

图 7-3　Principle 和 Sketch 无缝链接

3. 能为开发提供动效参数

还记得第 6 章中已经描述过的动效说明吗？要实现一些先加速后减速的曲线效果，需要告诉开发工程师动画曲线是哪一种。以 iOS 为例，如果使用的是系统默认的 Core Animation 引擎，Principle 中会提供 Ease Out、Ease In 两种函数曲线，并且可以调整 4 个对应的参数值设置。也就是说，开发需要的一些动效参数，Principle 都可以提供，如图 7-4 所示。

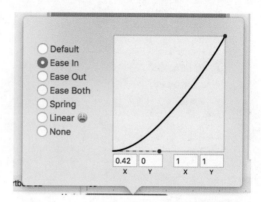

图 7-4　Principle 能为开发提供动效参数

7.2.3　Principle 的获取、安装与激活

1.Principle 的获取

Principle 同样只能通过其官网下载和购买，仅限于 MacOS 系统使用，MacOS 版本最低要求 MacOS X 10.11+。

进入 Principle 官方页面后，单击页面中部的"DOWNLOAD"按钮，即可下载大小约为 5MB 的压缩文件，进行安装试用。Principle 提供 14 天的试用时间，而且只会计算实际使用的时长。如果对试用的效果还满意，可以单击"BUY ＄129"按钮，支付 129 美元进行购买，如图 7-5 所示。

图 7-5　Principle 官网

2.Principle 的安装

在官网下载当前最新的版本 Principle Version 3.7（截至 2017 年）后，解压 Principle.zip 文件，直接打开名为"Principle"紫色的 P 字图标即可使用，直接省略了中间的安装步骤，十分方便，如图 7-6 所示。

图 7-6　Principle 安装

为了方便应用程序的统一管理，我们可以把 Principle 程序放到系统应用程序中。操作的方式也比较简单，在当前页面选中"Principle"图标，直接拖动到"应用程序"文件夹即可，方式和 Sketch 类似，如图 7-7 所示。

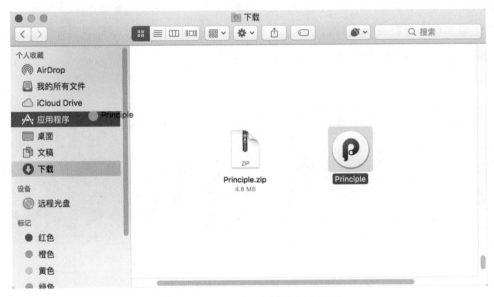

图 7-7　Principle 安装到应用程序

3.Principle 的激活

安装完成之后，就可以打开软件进行激活了。依次选择"Principle"→"Registration"命令，在弹出的对话框中的"License Key"文本框中输入购买后的通行证，再单击"Register"

按钮，即可完成激活，如图 7-8 所示。

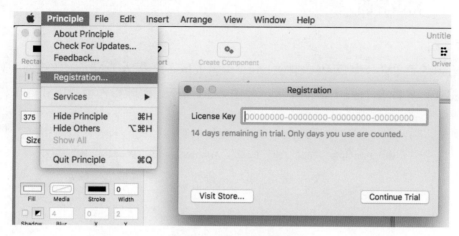

图 7-8　Principle 激活

7.3　Principle 初体验

Principle 默认的主界面十分简洁，从左上到右下分别为菜单栏、工具栏、检查器、图层列表、工作区及预览窗口 6 个区域，如图 7-9 所示，在实际使用中，还会根据情况调出底部的时间轴和顶部的 Drivers（联动）面板。

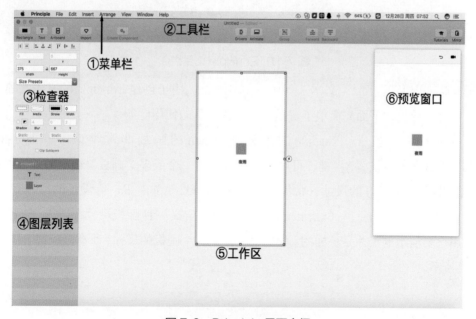

图 7-9　Principle 界面介绍

7.3.1　初识界面

1. 菜单栏

Principle 的菜单栏分为 File（文件）、Edit（编辑）、Insert（插入）、Arrange（排列）、View（视图）、Window（窗口）、Help（帮助）等，如图 7-10 所示。实际操作中，用到菜单栏的次数不多。

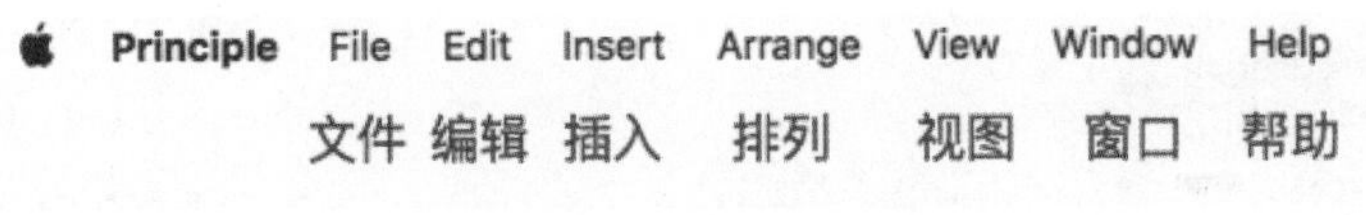

图 7-10　Principle 菜单栏

2. 工具栏

Principle 的工具栏集成了所有常用的功能，分别是 Rectangle（矩形）、Text（文本）、Artboard（画板）、Import（从 Sketch 导入）、Create Component（创建子集）、Drivers（联动）、Animate（动画）、Group（编组）、Forward（上移一层）、Backward（下移一层）、Tutorials（教程）、Mirror（镜像），如图 7-11 所示。

图 7-11　Principle 工具栏

Rectangle（矩形）、Text（文本）、Artboard（画板）用于创建 Principle 的基本元素，图片可以从其他地方导出，下面先简单了解一下这 3 款工具的使用。

（1）Artboard（画板）。Principle 的画板和 Sketch 的画板非常类似，单击工具栏的"Artboard"工具，或者按"A"键，可以在工作区创建一个或多个画板。画板的尺寸可以自由调整，或使用官方定义好的尺寸，常见的 iPhone、iPad、Apple Pay 等设备的尺寸都有提供，非常方便。但要注意的是，一个 Principle 文件中只能定义一种画板尺寸，因为 Principle 的逻辑是默认用户要演示的尺寸是一样的。如果改变其中一个画板的尺寸，所有画板都会同步变化，如图 7-12 所示。

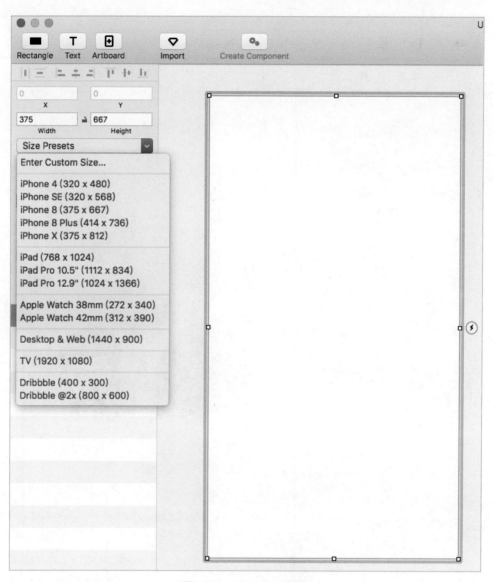

图 7-12　Principle 画板

（2）Rectangle（矩形）。单击工具栏的"Rectangle（矩形）工具"，或按"R"键，就可以在画板上创建一个默认大小为 44px×44px 的矩形。矩形的大小可以自由调整，另外，可以通过检查器调整矩形 Radius 的值获得一个圆角矩形或一个圆形。矩形也可以调整填充颜色，或通过图片填充，如图 7-13 所示。

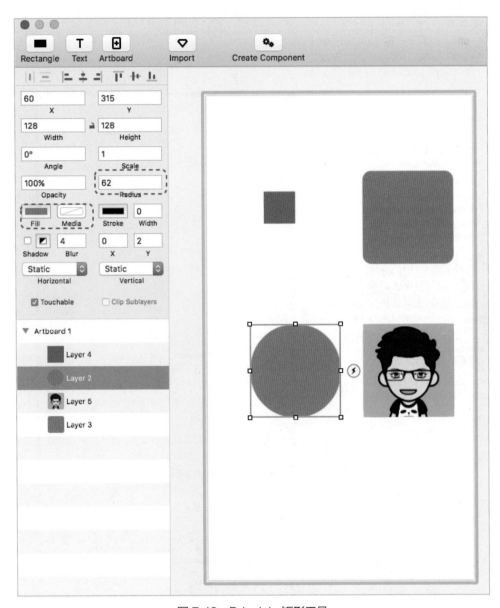

图 7-13　Principle 矩形工具

（3）Text（文本）。单击工具栏的"Text"图标，或按"T"键，就可以在画板上增加一串文本，可以通过检查器调整字体类型、字体大小和对齐方式 3 种属性，但是这些属性不会参与动画效果，如不能设置一个动画，把字体从 12px 变成 18px，如图 7-14 所示。

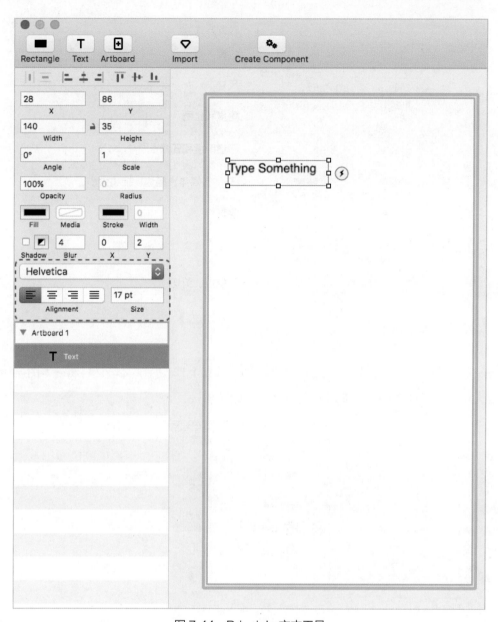

图 7-14　Principle 文本工具

3. 检查器

　　与 Sketch 不同的是，Principle 的检查器和图层列表一起，放在最左边，因为 Principle 没有 Pages 的概念。在检查器中，可以看到和 Sketch 检查器类似的一些尺寸、位置、填充等设置。需要注意的是，Horizontal（水平）、Vertical（垂直）选项中提供的下拉选项是整个软件制作动效中非常重要的功能，后面会具体讲述，如图 7-15 所示。

图 7-15　Principle 检查器

4. 图层列表

Principle 的图层列表，是由简单的 Artboard（画板）、Text（文本）和 Layer（图层）组成的区域，双击画板或图层，可以对其重命名，如图 7-16 所示。

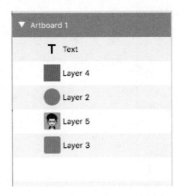

图 7-16　Principle 图层列表

5. 工作区

Principle 的工作区也是无限延伸的，与 Sketch 画布的概念类似，不同的是，Principle 只能在画板上添加内容，如图 7-17 所示。

图 7-17　Principle 工作区

6. 预览窗口

在预览窗口，可以实时预览做好的页面，并支持在预览窗口进行操作。上方还有两个功能按钮，一个可以返回最初的状态，一个可以录制操作的动效，并且支持导出 GIF、MOV 格式的视频，如图 7-18 所示。

图 7-18　Principle 预览窗口

☆重点 **7.3.2 交互形态**

Principle 中有 4 种通用的交互形态：Static（静态）、Drag（拖动）、Scroll（滚动）和 Page（翻页），这些交互形态就是在检查器提到的 Horizontal（水平）和 Vertical（垂直）选项设置的，如图 7-19 所示。

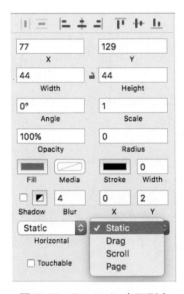

图 7-19 Principle 交互形态

1.Static（静态）

默认添加的图层都是静态的，如在画板中添加一个矩形，它是固定在原地的，不能向任何一个方向拖动，如图 7-20 所示。

图 7-20 交互形态之静态

2.Drag（拖动）

当启用"Drag"选项时，意味着图层可以被拖动，结合垂直、水平的设置，图层按照箭头方向所示，有垂直拖动、水平拖动、四周拖动 3 种不同的交互形态，如图 7-21 所示。

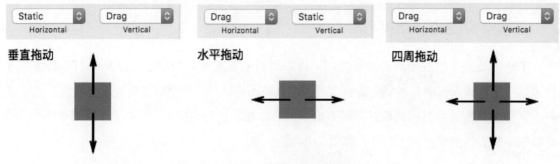

图 7-21 交互形态之拖动

3.Scroll（滚动）

对于滚动的交互，大家肯定不会陌生，在手机上查看新闻时使用的就是垂直滚动的操作。同理，Scroll（滚动）就是设置可以滚动的一些图层，如图 7-22 所示。

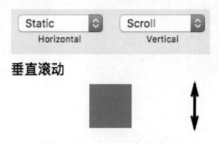

图 7-22 交互形态之滚动

4.Page（翻页）

Page（翻页）与滚动类似，只是翻页滚动的是一整屏内容，常见的翻页有 Banner 轮播，如图 7-23 所示。

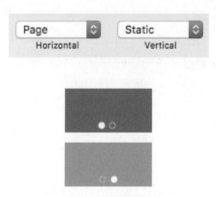

图 7-23 交互形态之翻页

☆重点 **7.3.3　事件**

事件的转换发生在不同的画板之间，可以通过画板或某一个图层发起对另一个画板的事件。选中图层或画板时，右侧会有一个"闪电"的图标，单击该图标会出现事件列表，选中某一个事件，并拖动到目标画板，即可完成事件的添加。添加完成后，可以看到两个画板之间，有一根带箭头的直线建立了联系，如图 7-24 所示。

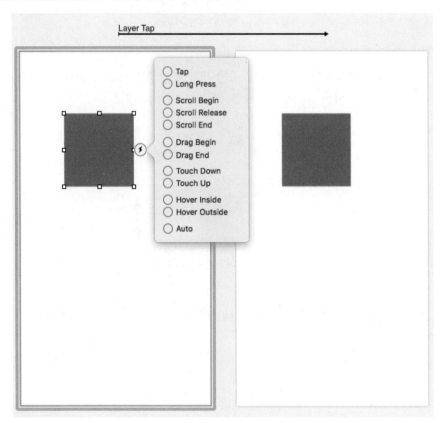

图 7-24　事件

事件一共有 12 种，如图 7-25 所示。

（1）Tap（单击）：最常见的单击事件。

（2）Long Press（长按）：按住 0.5 秒后触发的事件，在移动端中比较常见。

（3）Scroll Begin（滚动开始）：当图层滚动开始时触发的事件，如页面开始滚动时就触发，这个事件对翻页同样作用。

（4）Scroll Release（滚动释放）：手或鼠标抬起，滚动过程中触发的事件，这个事件对翻页同样作用。

（5）Scroll End（滚动结束）：图层结束滚动时触发的事件，如页面停止滚动时才触发，这个事件对翻页同样作用。

（6）Drag Begin（拖动开始）：当按住一个图层，开始拖动时，就会触发的事件，如新版QQ，拖动文件就会在右上角出现"拖到此处发给 QQ 好友"。

（7）Drag End（拖动结束）：拖动图层松开后就会触发的事件。

（8）Touch Down（按下）：当鼠标按下时发生的事件。

（9）Touch Up（抬起）：当鼠标抬起时发生的事件。

（10）Hover Inside（鼠标移入）：当鼠标移入图层时发生的事件，常见于按钮的悬浮状态变化。

（11）Hover Outside（鼠标移出）：鼠标移出图层时发生的事件。

（12）Auto（自动）：可以理解为页面载入时就触发的事件，往往用在 loading 动画设计中。

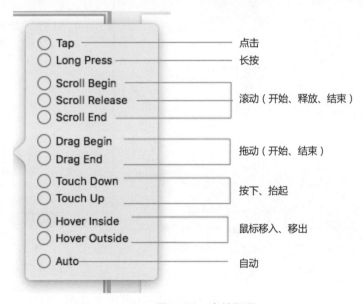

图 7-25　事件翻译

☆重点 7.3.4　动画

当两个画板之间的事件被成功触发时，Principle 会为名称相同的图层自动补全过渡动画效果，如果制作成功后，看不到对应的动画效果，应务必检查两个画板之间的图层名称是否相同。例如，画板 1 和画板 2 的矩形图层名称相同，都是"Layer"，第二个矩形透明度设置为 30%，目的是矩形触发事件时颜色变淡，设置一个单击事件，当点击事件触发时，Principle 会自动为两者补全一个变淡过程的动画，如图 7-26 所示。

另外，这个默认的动画参数是可以被修改的，这里就会涉及关键帧和动画曲线两个概念。

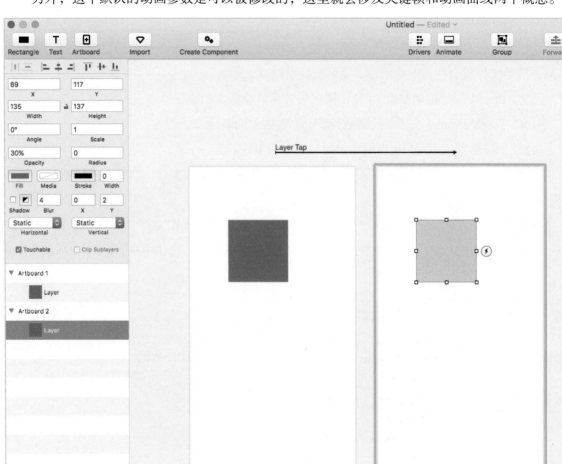

图 7-26　动画

1. 关键帧

在动画中，一帧就是一幅停止的画面，连续播放帧就形成了动画。在 Principle 中，可以控制帧的播放时间，这就是所谓的关键帧。单击事件的带箭头直线，在工作区下方就会出现一个动画面板。右侧时间轴有一个蓝色的条，就是关键帧，蓝色条左侧的菱形代表关键帧的开始时间，右侧的菱形代表关键帧的结束时间，系统默认的动画效果持续时间 0.3s。可以拉长关键帧的长度来增加动画效果的持续时间，如图 7-27 所示。

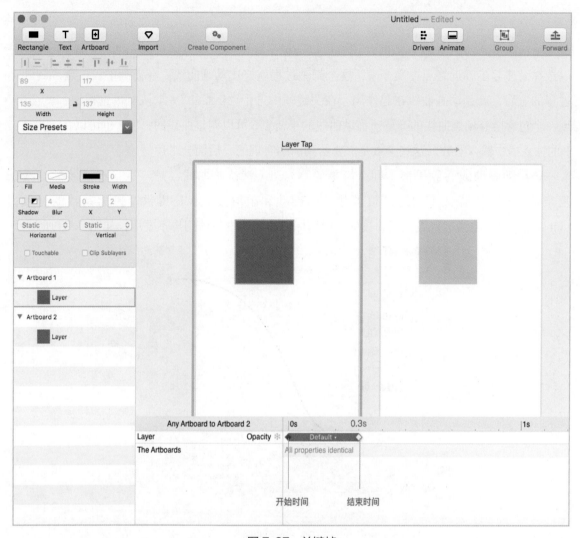

图 7-27 关键帧

另外，在时间轴上向右拖动关键帧，可以延迟动画发生的时间，左侧对应的 Opacity（透明度）就是动画要实现的效果，单击雪花图标，可以冻结当前的动画效果，如图 7-28 所示。

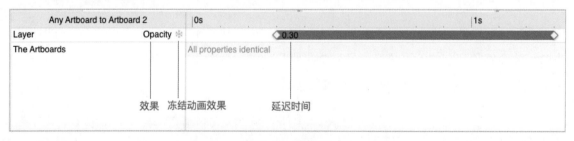

图 7-28 时间轴

2. 动画曲线

当汽车从 A 点驾驶到 B 点时，司机可以选择平稳驾驶，也可以选择先加速后减速，也可以选择高速起步临近终点再慢下来，这个驾驶过程就好比动画曲线。在动画中，控制"驾驶"过程的背后，就是动画曲线在起作用。在关键帧中选中"Default"（默认）单选按钮，就会出现一个包含所有动画曲线的弹层。拖动曲线的小蓝点，可以调整曲线的弧度，也可以在下方 X、Y 的输入框中输入参数，这些参数是需要给到前端实现的，后面会讲述。

每种动画曲线的效果都不同，简单的 Default（默认）曲线，是一条平稳过渡的曲线；复杂的 Springs（弹性）曲线模拟了弹簧的震动和阻尼效果，还提供摩擦力系数的选项；Linear（直线）曲线是直线变化的效果，后面标记的表情也告诫用户不要用，如图 7-29 所示。

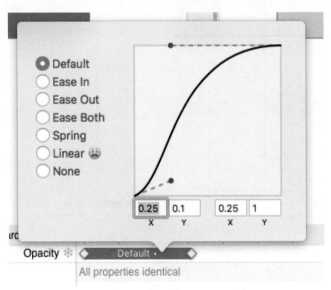

图 7-29　动画曲线

7.4　Principle 制作原型

学习一款软件的操作，观看教程和结合实战，这些缺一不可。只有真正把 Principle 用起来时，才会感觉到它的不可思议。只需要花费几分钟，就能用 Principle 制作模拟真实体验的手机原型。下面介绍通过 Principle 来让原型动起来。

7.4.1　准备工作

准备工作分两步走。首先，在 Sketch 中准备好需要制作动态原型的素材，这次选择的页面是首页、播放页及一个紫色填充代表广告图片的矩形。其次，思考原型需要实现的效果，这次要实现的效果包括 3 种，分别是首页广告位的翻页（轮播）效果、单击视频卡片进入播放页的转场效果、播放页下方内容的滚动效果，如图 7-30 所示。

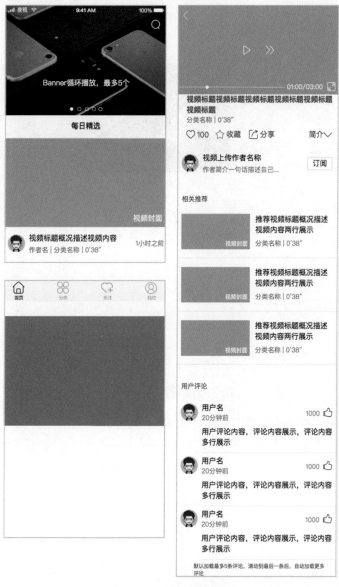

图 7-30　准备动画素材

7.4.2 制作翻页效果

从制作首页广告位的翻页（轮播）效果开始。首先，把需要的素材复制或导入 Principle 中，分别是一个背景框和两张广告图，把广告图摆放好，如图 7-31 所示。

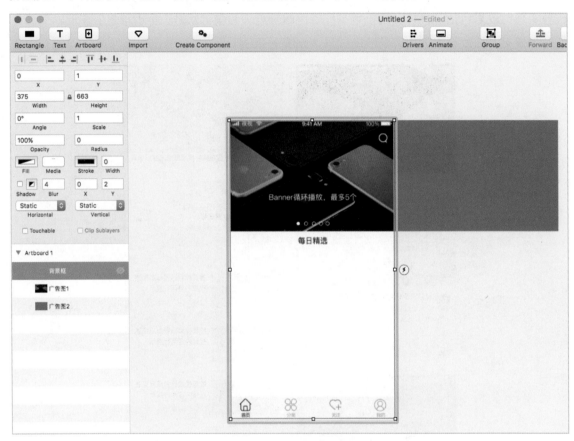

图 7-31 导入翻页素材

其次，选中两个广告图层，并使用工具栏的"编组工具"或按"Cmd+G"组合键将它们归为一组。选中组，并在检查器设置中把"Horizontal"（水平）选项设置为 Page，如图 7-32 所示。

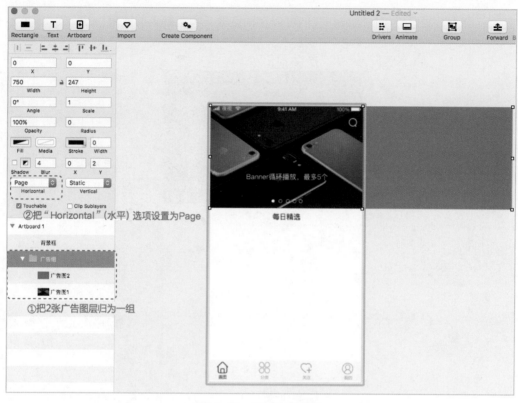

图 7-32　设置翻页选项

最后，选中广告组，把组的边框缩小到广告图 1 的大小，如图 7-33 所示。

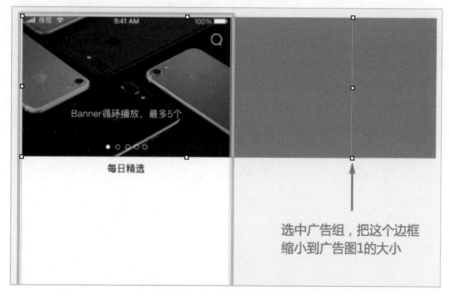

图 7-33　设置翻页框的大小

这时，翻页效果已经制作完成，我们可以在预览区，预览翻页的效果，如图 7-34 所示。

图 7-34　预览翻页效果

7.4.3　制作转场效果

翻页效果制作完成后，可以在 Principle 中新建一个 Artboard，并且把视频卡片、播放页素材复制到 Principle 中摆放好，并且把视频卡片和播放页都命名为"视频播放"（注意，只有相同名称的图层，Principle 才会为它们自动创建动画效果），如图 7-35 所示。

图 7-35　导入转场素材

完成以上操作之后，选中 Artboard1 的"视频播放"图层，单击"闪电"图标，拖动一个单击的事件指向 Artboard2，即制作完成页面的转场效果。同理，也可以在预览窗口单击视频卡片，查看页面的转场效果，如图 7-36 所示。

图 7-36　设置转场事件

这里只制作了单向的页面跳转，还应该制作从播放页返回的效果，才能实现原型演示闭环。这个事件是通过单击播放页左上角的返回按钮实现的，导入时把播放页作为整体导入了，并没有单独导入返回按钮。如果把播放页整个作为单击区域，显然是不合理的。除了再次单独导入返回按钮的方式，还可以利用 Principle 的矩形工具创作一个点击热区，将该矩形的填充颜色设置为"0"，然后建立一个点击返回事件即可，如图 7-37 所示。

图 7-37　设置返回事件

7.4.4　制作滚动效果

最后来制作长页面的滚动效果，期望的效果是播放器是固定的，在观看视频时，可以滚动下方的内容。所以，选中"滚动内容"图层，把图层在检查器中的"Vertical"（垂直）选项设置为"Scroll"，并且选中"Clip Sublayers"（对子图层的遮罩）复选框，这时，图层中多了一个"Scroll Window"文件夹，右侧 Artboard2 中也隐藏了超出边缘的图层。至此，整个让原型动起来的效果就已经制作完毕，如图 7-38 所示。

图 7-38　制作滚动效果

7.4.5　原型演示

在设计动态原型时，除了支持在预览区域实时预览原型效果外，Sketch 还支持通过录制的方式把演示效果录制下来，并通过 MOV 或 GIF 格式分享给其他人。在预览窗口，单击"录制"按钮，可以看到有 3 个选项，分别是"Touch Cursor"（圆形光标）、"Arrow Cursor"（箭头光标）和"Cursor Hidden"（隐藏光标），根据需求任意选择一个即可，如图 7-39 所示。

图 7-39 "录制"选项

选择后，就会进入一个录制的页面，右上角"录制"按钮会一直闪烁，代表正在录制中，同时，可以操作点击原型，把点击的过程录制下来，如图 7-40 所示。

图 7-40 录制界面

录制完成之后，单击"录制"按钮，就会停止录制，并且弹出选择保存格式的对话框，可以保存为 MOV 格式或 GIF 格式，如图 7-41 所示。

图 7-41 选择视频保存的格式和位置

原型演示还支持在手机上演示，前提是在 App Store 下载 Principle Mirror，发送文件到手机或通过 USB 连接数据线都可以在手机上进行演示，如图 7-42 所示。

图 7-42 手机下载 Principle Mirror 预览原型

7.5 Principle 制作动画

很多软件都可以制作可交互的原型，但使用 Principle 能制作大部分产品所需的动画效果，如 loading 动画。而且，在 Principle 中使用到的动效参数，可以直接提供给前端工程师实现。下面将以一个简单的位移动画为例，详细介绍动画从构思、制作、到交付前端实现的过程。

☆重点 ☆难点 7.5.1　动画构思

巧妇难为无米之炊，动画制作的前提是需要把动画需要实现的大致效果构思出来，如果自己都想不明白需要实现的效果，前端工程师也不可能把你心中缥缈的想法实现出来。动画构思的过程可以在 Sketch 画布上推导，思考动画的关键要素是什么？动画的元素是什么？想要实现什么样的效果？大概的持续时间是多久？有没有延迟触发？如果实在想象不出来，就可以在网上找一些现有的动画，并试图推导动画的要素。

下面是一个即将用到的蓝色球位移的动画，初始的构思为：要实现一个蓝色球（动画元素）从 A 点沿着 X 轴（水平）移动到 B 点的动画；蓝色球从 A 点移动到 B 点，发生位移距离是 150px，总耗时 0.5s（持续时间），延时 0.3s 触发（有延迟），先加速后减速（运动曲线过程），如图 7-43 所示。

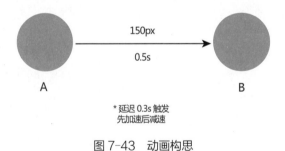

图 7-43　动画构思

☆重点 7.5.2　动画制作

动画初步构思完成后，就可以使用 Principle 还原用户心中的想法了，依旧先在 Sketch 中准备好蓝色球素材，然后复制到 Principle 中。注意，要复制两个蓝色球，第一个放在 Artboard1 中，第二个放在 Artboard2 中，并且两者图层名称、Y 坐标相同，X 坐标分别设置为 20、170，因为蓝色球需要在两个画板之间发生 170-20=150 的水平位移，如图 7-44 所示。

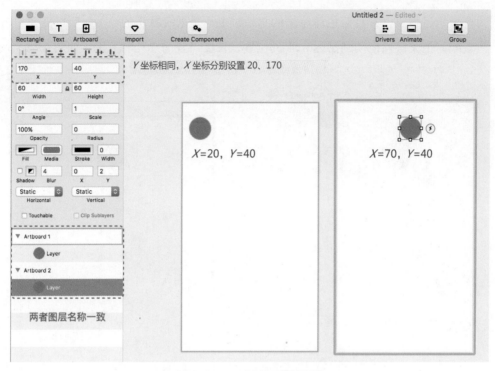

图 7-44　导入动画素材制作

　　然后，为两个画板的蓝色球建立触发事件，可以用 Tab 或自动播放，建立事件的方式和之前的制作原型转场效果一致。建立事件后，可以先在预览窗口预览一下动画是否已经起作用，如果不是，则检查一下两个蓝色球的图层名称是否一致，如图 7-45 所示。

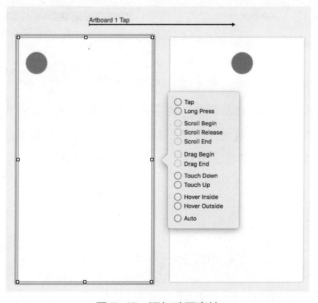

图 7-45　添加动画事件

　　因为要做延迟触发，并且蓝色球位移的总耗时也不是系统默认的 0.3s，所以需要单击事件的带箭头直线，把关键帧拖动到延迟 0.3s 的位置，长度设置为总耗时 0.5s，如图 7-46 所示。

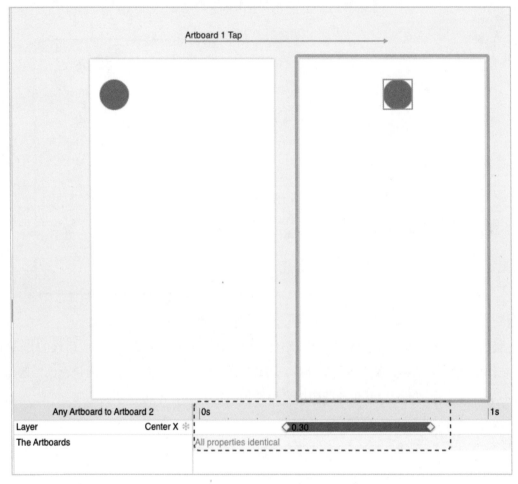

图 7-46　设置动画时间

　　最后，假设运动曲线是先加速后减速，所以需要设置动画曲线。单击关键帧的蓝色条，调出动画曲线，其中"Ease Out"就是先加速后减速的动画曲线，可以直接选中它，根据自己的情况，再微调其中的 4 个 *X*、*Y* 参数。至此，一个完整的位移动画就已经制作完毕，如图 7-47 所示。

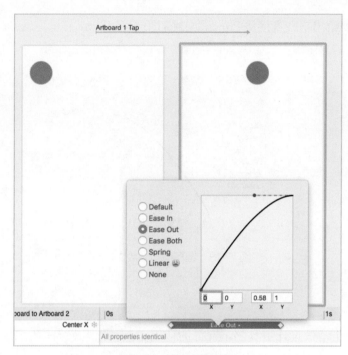

图 7-47　选择动画曲线

☆重点 ☆难点 **7.5.3　交付开发实现**

1. 前端开发实现动画的方式

在实际应用中，前端开发实现动画的方式有两种，一种是使用设计师提供的 GIF 动画，另一种是前端利用代码还原出来，这种方式需要设计师提供一个动画 DEMO，并且告知动画的具体参数。另外，不同开发语言对动画参数的要求不同，需要提前和前端工程师进行充分沟通。下面编写的动画参数文档，是基于 CSS3 开发语言实现的。

2. 输出动画 DEMO

前端工程师需要一个动画 DEMO，才能初步明白用户想要的效果，所以需要通过 Principle 输出一个 GIF 动画，这是比较通用的做法。输出 GIF 动画的过程，可以看前面原型的演示，这里就不再重复说明了。还有一种方法就是直接把 Principle 文件发送给前端工程师，前提是前端工程师手机已经安装好 Principle Mirror 了。

3. 编写动画参数文档

动画 DEMO 只能让前端工程师初步明白设计师的意图，要精准还原动画，还需要提供动画参数文档。根据动画实现原理，填写的参数也大同小异，一般都是动画耗时、动画效果、动画曲线 3 种。图 7-48 所示的是基于 CSS3 语言编写的参数文档，仅供参考。其中，动画曲线

中的 X、Y 值也需要给出来，直接从 Principle 中截图也可以。

动画要素	动画效果	耗时	延时	位移	动画曲线
蓝色球（圆形）	水平位移	0.5s	0.5s	150px	Ease Out

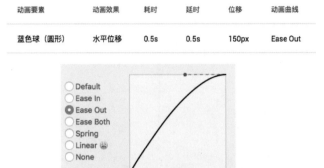

图 7-48　编写动画参数文档

✎ 实战教学

　　本章主要介绍了动效设计工具 Principle 的使用方法，以及如何输出动画参数文档给开发工程师来实现，最终达成利用动效提升用户体验的目标，但核心还是需要掌握 Principle 工具的使用。下面将用一个最常见的页面下拉刷新动效，来巩固所学的 Principle 知识，同时也带来了新的知识——Drivers（联动）的学习。

　　这个案例的效果是，开始下拉时，会出现"下拉可以刷新"的提示文字，并且出现下拉箭头指示；再继续下拉时，文字变成"松开即可刷新"，且下拉箭头的指向变为向上。为了实现这个案例，需要先学习 Drivers（联动）、页面滚动 Scroll 的应用，其效果如图 7-49 所示。

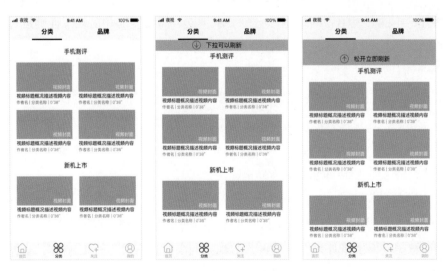

图 7-49　页面下拉刷新效果图

1.Drivers（联动）

利用 Drivers（联动）可以创建复杂、持续、相互关联的交互效果，以本次需要实现的效果为例，中间内容区域下拉后，顶部区域出现了"下拉可以刷新"等文字提示交互，前后两者发生了联动，且中间内容区域是一个触发源，称为 Driver Sources（联动源）。另外，通过联动，下拉箭头产生了角度变化，这是 Driven Properties（联动属性）在产生作用，联动属性一共有12 种，包括 X 轴变化、Y 轴变化、宽度变化、角度变化、透明度变化等，如图 7-50 所示。

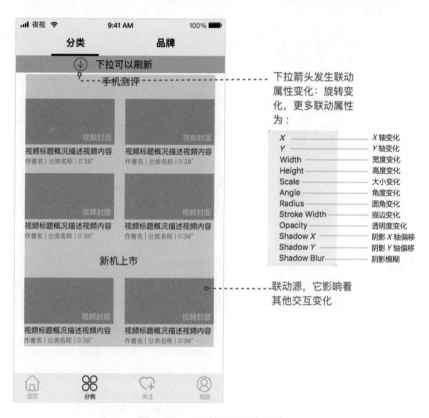

图 7-50　联动源和联动属性

2. 案例分析

在初步了解 Drivers（联动）的概念后，下面再来具体分析一下这个案例的实现。首先，是中间内容区域需要下拉，即需要设置垂直滚动交互，且下拉箭头、提示文字都是跟随内容区一起滚动的，则可以作为一个滚动组；其次，下拉箭头、文字从无到有，发生了透明度的变化；最后，下拉箭头随着下拉区域高度的变化发生了角度改变，如图 7-51 所示。

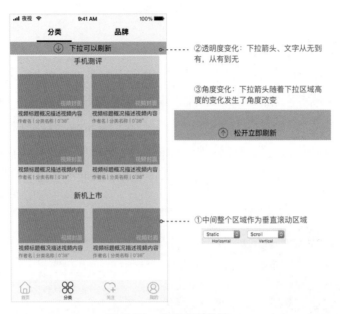

图 7-51　案例实现分析

3. 案例实现

第一步　在 Sketch 中准备好素材，注意把底栏、顶部导航栏、下拉箭头、下拉可以刷新、松开立即刷新、内容区域等分开摆放，分开导入 Principle 中。其中，紫色的色块仅作下拉区域标记所用，不需要导入 Principle 中，如图 7-52 所示。

图 7-52　在 Sketch 中准备好素材

第二步 将准备好的素材导入 Principle 中，并对图层做好命名工作，如图 7-53 所示。

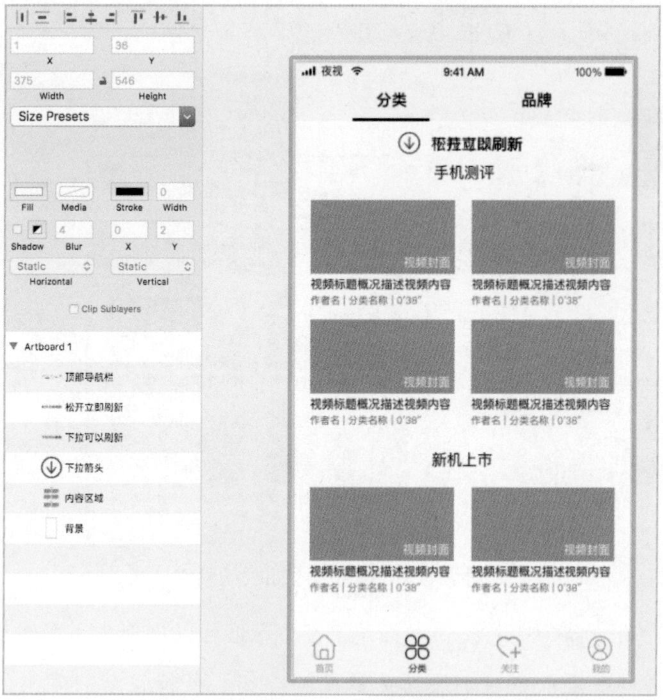

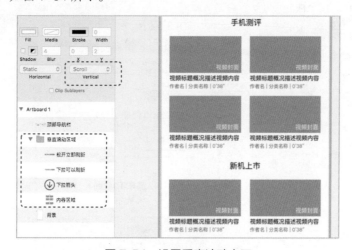

图 7-53　把素材导入 Principle 中

第三步 把内容区域、下拉箭头、下拉可以刷新、松开立即刷新归为一组，并对组设置为垂直滚动区域，如图 7-54 所示。

图 7-54　设置垂直滚动交互

第四步 选中"下拉箭头"图层，选择工具栏的"Drivers"工具，打开联动面板，单击下拉箭头右侧的"+"图标添加 Angle 和 Opacity 联动事件；同理，为"松开立即刷新""下拉可以刷新"添加 Opacity 联动事件，如图 7-55 所示。

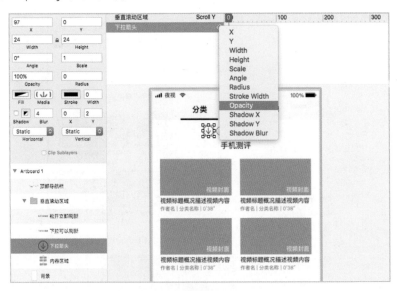

图 7-55　为图层添加联动事件

第五步　设置"下拉箭头""松开立即刷新""下拉可以刷新"3 个图层随着联动源 *Y* 轴变化而变化的事件，这里需要补充一个联动关键帧的介绍。鼠标拖动刻度上的数字，可以看到联动源发生了 *Y* 轴的变化，这意味可以设置 3 个图层在联动源处于某个 *Y* 轴坐标时，发生透明度或角度的变化，如图 7-56 所示。

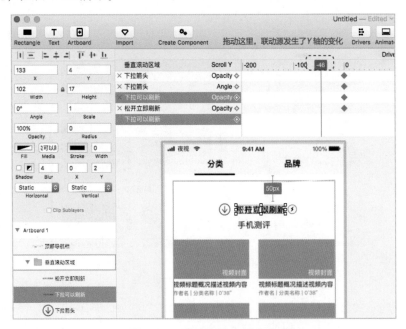

图 7-56　联动源的 *Y* 轴变化

第六步　根据第五步的原理，设置"下拉箭头"在刻度为"0"时，Opacity（透明度）为 0%。同理，"松开立即刷新""下拉可以刷新"这个刻度的透明度同样为 0%，如图 7-57 所示。

图 7-57　设置起始的透明度为 0%

第七步 拖动刻度到 "–30" 的位置，设置 "下拉箭头" "下拉可以刷新" 透明度为 100%。这时，两个刻度之间会出现一条蓝条，这是 Principle 为透明度变化事件补全过渡动画，如图 7-58 所示。

图 7-58　设置刻度 "–30" 时透明度为 100%

第八步　继续拖动刻度到"-60"的位置，设置"下拉箭头""松开立即刷新"透明度为100%，"下拉可以刷新"透明度为 0%，"下拉箭头"的角度为 180°，如图 7-59 所示。

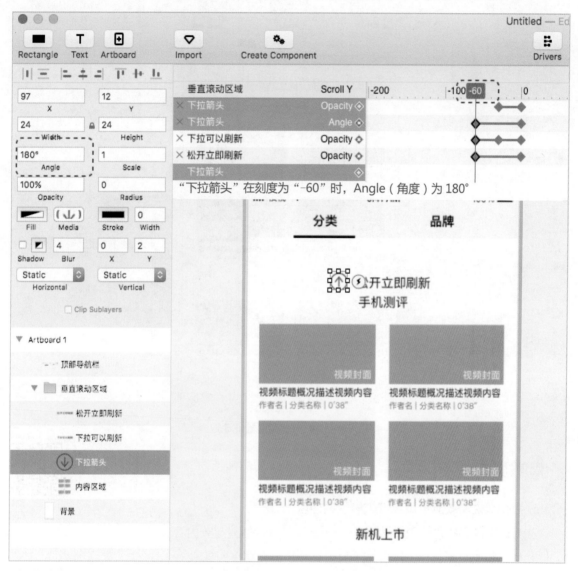

图 7-59　设置刻度"-60"时角度为 180°

第九步　在预览窗口用鼠标拖动，验证上述制作的动效，如图 7-60 所示。

图 7-60　在预览窗口验证动效

💡　**动脑思考**

1. 为什么说动效能给用户带来愉悦的体验？

2. 为什么需要提供动效参数文档？里面需要包括哪些参数内容？

3. 相比其他交互软件，Principle 的优势和定位在哪里？

🖱　**动手操作**

1. 使用 Principle 制作一个可交互的手机原型。

2. 构思一个动画，并且利用 Principle 模拟实现。

3. 针对自己所构思实现的动画，编写一个动效参数文档。

第8章　完整后台设计实现

管理后台又称后台管理系统，它区别于和用户互动的前台，是对内容、用户、效果等进行操作管理的系统，控制夜视 App 首页展示哪些广告就属于管理后台的功能范围。

管理后台业务优先，首先要考虑功能、实用和效率。后台管理系统是否好用，数据准确、逻辑顺畅、操作方便等"内在设计"是重点，"外貌设计"反而是次要的。

管理后台的功能随着业务的发展可能会越来越多，设计时要有前瞻性，充分考虑未来需要拓展的可能，但是，一开始也没有必要追求大而全的管理后台，逐步完善即可。

"夜视 App 的设计工作已经完成了，但我们还差一个管理后台需要设计，就由萌萌花 3 天时间完成吧。"

"啊，3 天时间，什么管理后台？我是谁，我在哪里，我应该做什么？"

8.1　后台设计目标

管理后台又称后台管理系统，它区别于和用户互动的前台，是对内容、用户、效果等进行操作管理的系统。夜视 App 属于"前台"，它负责"招待"来访的用户，为用户展示所需的视频内容，同时提供留存（登录）、互动（评论）等功能。与此同时，管理后台则需要负责视频等内容的生产，并做好用户的管理工作，对于前台用户来说，管理后台是"看不见的手"。前台和后台是紧密关联的，需要根据前台要实现的功能，来设计管理后台的功能，这与餐厅中顾客点餐，在厨房做菜的道理是一样的。

本章将完整呈现一个管理后台设计实现的思路、流程和方法，帮助大家巩固总结前面的学习所得。需要注意的是，中间不会再涉及细节的 Sketch 操作，完成业务功能规划和确定涉及目标大约需要 0.5 天，框架设计 0.5 天，界面设计 1 天，交互说明 1 天，整个过程大约合计耗时 3 天。

8.1.1　业务功能

要设计一个后台管理系统，首先要考察的是设计师对业务的理解程度，特别是多个系统、多种角色在业务逻辑上有交叉关联时。管理后台需要解决前台的什么问题？对应的主要操作流程是什么？这个系统将会使用多少种角色？每个角色的使用场景是什么？一般可以从这些角度来理解业务。

在第 1 章中提到的夜视 App 是 PGC 平台，这意味视频内容需要有作者进行生产，即在管理后台上传并进行管理；同时，希望这些作者都是符合专业要求的，那么就需要对作者的身份进行审核；此外，作者上传的视频内容需要符合国家法律法规的规定，管理后台就必须提供视频审核的功能。对应的主要流程为：作者入驻→作者审核→视频发布→视频审核。后台使用的角色就包括了作者、管理员两种，两者分别对应生产和审核两种不同的使用场景。

夜视 App 上线的时间迫在眉睫，留给后台管理系统的设计时间仅剩 3 天，应该在功能规划时有所取舍。换个说法来讲，就是至少要完成管理后台的什么功能，才能保证前台是可用的。根据业务实现的需要，第一期管理后台的功能规划如表 8-1 所示。

表 8-1　夜视 App 管理后台功能规划表

模块	功能	说明
登录	登录	管理员、作者使用手机号、密码登录
	注册	使用手机号注册成为作者，并提交审核
	找回密码	忘记密码后找回
	记住账号	记住登录用户名
视频	视频管理	作者用于管理视频的列表
	上传视频	作者上传视频并提交审核
	视频审核	管理员审核视频的列表
作者	作者管理	管理员管理作者的列表
	作者审核	管理员审核作者资质的列表
用户	用户管理	前台注册用户管理列表
管理	角色授权	配置内部后台用户账号和角色的列表

8.1.2　设计目标

　　管理后台业务优先，首先要考虑功能、实用和效率，后台管理系统是否好用，数据准确、逻辑顺畅、操作方便等"内在设计"是重点，"外貌设计"反而是次要的。这里的管理后台，属于新系统的构建，根据产品的需要，首要的重点任务是解决视频内容生产问题。从设计的角度来看，视频发布和视频审核牵涉高频的操作，作者发布视频和管理者审核视频的效率影响着管理后台的使用体验，可以把这次的设计目标定义为"效率"。

8.2　后台框架设计

　　还记得第 3 章中所介绍的框架设计的思路吗？发散思维、人物角色、故事板等方法放在任何产品上都适用，在进行具体的界面设计之前，务必记得先站在全局的角度来进行总体把控，而且，管理后台的框架设计重在业务逻辑，在业务逻辑没想清楚之前，贸然进行界面设计是不可取的。另外，管理后台的功能随着业务的发展可能会越来越多，在框架设计时要有前瞻性，充分考虑未来需要拓展的可能。但是，一开始也没有必要追求大而全的管理后台，随着业务的发展逐步完善即可。

8.2.1　角色场景

角色场景分析是框架设计的关键步骤，试想，为什么管理后台大多数是 Web ？包括为移动而生的微信，其公众号的管理后台一直都是 Web 版本，或许角色场景分析能给出答案。以夜视 App 的管理后台为例，为什么要首先建设 Web 版本？因为它面向专业的视频作者（角色），而专业视频加工软件大多数为 PC 端，且手机容量和续航能力均无法有效满足专业作者的加工强度需求（场景），所以，优先建设 Web 版本更符合角色的实际使用场景。

8.2.2　权限设计

在前面的章节中，几乎没有提及权限设计的内容，但这恰恰是管理后台设计中常见的需要学习的内容。下面以最简单、最基本菜单权限设计实现，结合作者、管理员菜单分权的案例来说明权限应该怎样设计。在夜视 App 中，菜单权限的需求为：作者只能看到视频管理菜单，管理员可以看到所有的菜单，即需要满足后台用户看到的菜单选项不一致的需求。如张三、李四、王五和肖六都属于作者，夜雨属于管理员。

1. 权限的作用和意义

顾名思义，"权"代表"权力"，划分了系统的职权，不同的用户拥有不同的权力划分；"限"代表"限制"，在权力划分的基础上对职能范围进行了限制，这里所述的权限相对简单，赋予不同角色看到不同菜单的权限。权限控制能较好地解决系统安全问题，避免公司机密资料外泄，同时，不同部门使用系统时互不干扰，因此被企业广泛应用。

2. 梳理用户、角色的概念

（1）用户：指系统的登录用户，可以理解为一系列的人员，如用户为张三、李四、夜雨这 3 个人。

（2）角色：指用户在系统中担任的角色，是系统赋予用户的头衔，如夜视 App 管理后台角色可以定义为作者、管理员，其中夜雨为管理员，张三、李四为作者。

3. 选择合适的权限模型

（1）传统的权限模型。如图 8-1 所示。

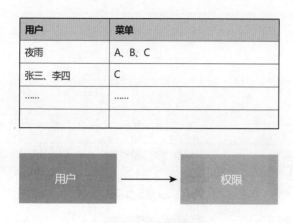

用户	菜单
夜雨	A、B、C
张三、李四	C
……	……

图 8-1　传统权限模型

（2）RBAC 权限模型。RBAC（Role-Based Access Control），即基于角色的访问控制，是优秀的权限控制模型，主要通过角色和权限建立管理，再赋予用户不同的角色，来实现权限控制的目标。

利用该模型来配置权限，其优点是角色的数量比用户的数量更少，先把权限赋予角色，即可完成权限的分配；再为用户分配相应的角色，即可直接获得角色拥有的权限。交互设计，只需定义有限的角色拥有哪些菜单权限即可，如图 8-2 所示。

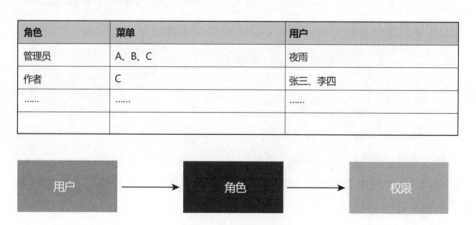

角色	菜单	用户
管理员	A、B、C	夜雨
作者	C	张三、李四
……	……	……

图 8-2　RBAC 权限模型

（3）模型其他注意事项。在选择第二种 RBAC 权限模型时，需要注意，用户—角色—权限之间并非是一对一的对应关系，如一个用户可以拥有多种角色，一个角色也可以拥有多个权限，所以应该是多对多的关系，需要和开发设计师说明，如图 8-3 所示。

角色	菜单	用户
管理员	A、B、C	夜雨
作者	C	张三、李四
其他	B、C	王五、肖六
……	……	……

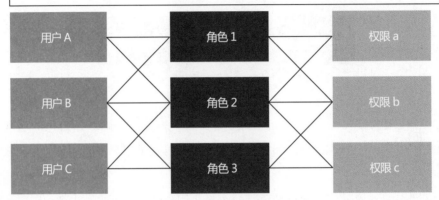

图 8-3　混合交叉权限模型

4. 为角色定义好菜单

　　理解权限的实现逻辑之后，就可以基于角色定义菜单展示，如作者只能查看"视频管理"菜单，管理员能查看所有菜单。然后，在后台把张三、李四配置为"作者"角色，夜雨配置为"管理员"角色即可实现不同用户登录菜单权限的管理。

8.2.3　流程设计

　　流程设计是框架设计中的一个重要环节，前面也多次提到流程图的重要性，厘清角色场景和各自的权限关系后，就可以着手进行流程的设计。管理后台是偏业务的系统，通常会用到"泳道图"——其中一种专门来表示多角色配合的流程图，它能够直观地描述各系统或多角色之间的逻辑关系，利于用户理解业务逻辑。根据夜视 App 管理后台不同的角色（作者、管理员）、功能的逻辑关系（作者入驻、发布视频），设计的泳道图如图 8-4 所示。

作者 管理员

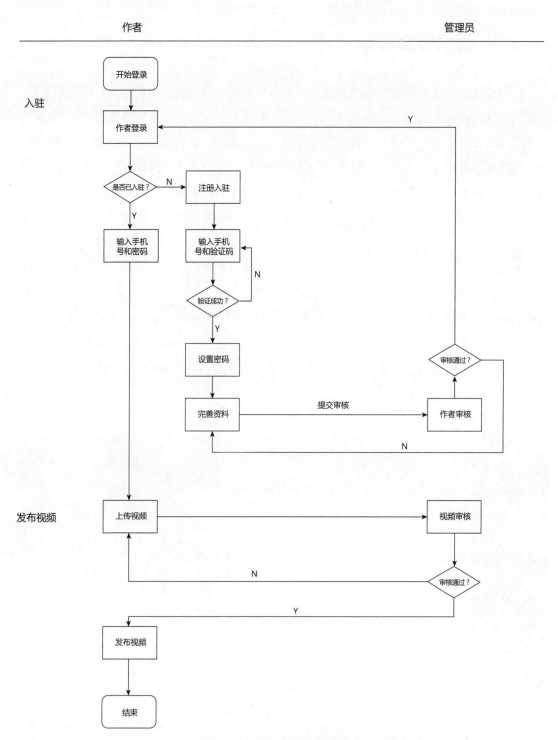

图 8-4 夜视管理后台泳道图

8.3　后台界面设计

把业务场景和业务流程都梳理清楚后，就可以着手进行后台界面设计了，可能很多产品设计师都有这样的一个误区，后台只要保证功能和业务实现即可，根本没必要花费时间进行交互设计或视觉设计。客观来说，这种观点是错误的，错误在于没有把后台用户的工作成本纳入进去。大家可能有过这样的经历：浪费了一整天的时间，仅是为了在操作复杂的后台中导出一份数据报表，最终发现数据还是错误的。适度的交互设计，能很大程度上避免这种变相降低工作效率的情况出现，所以很多管理后台交互设计的目标，都是把提高工作效率放在首位的。

8.3.1　菜单导航设计

根据后台功能规划的需求，视频、用户、作者、管理等都属于一级菜单，下设视频管理、视频审核等二级菜单，菜单的层级不多时，可以使用常见的侧边导航的方式。侧边栏导航通常位于左侧，它符合用户的"F"型的浏览习惯，对于重业务的操作型后台系统，能很好地组织功能业务展示。另外，可以把登录用户的信息放置于顶栏，使整个页面有层次感，如图 8-5 所示。

图 8-5　侧边栏导航

8.3.2　内容列表设计

后台大多数都是用普通的列表来承载内容的展示，特别是后台信息内容比较密集时，二维列表能很好地组织这些信息的展示层级关系。利用一些小技巧能提高列表的可读性，如对齐，对齐的方式建议是左对齐，主要原因是左对齐符合人眼从左到右的阅读习惯，用户阅读列表时首先是从左开始阅读，先看到左侧的关键信息。但是，金额类的列表可以采用右对齐的方式，因为金额右对齐能更方便进行大小比对，如图 8-6 所示。

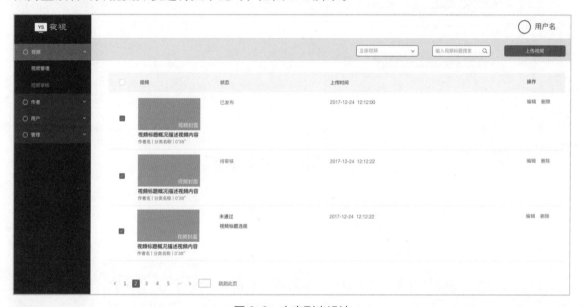

图 8-6　内容列表设计

8.3.3　流程页面设计

把所有流程都堆在同一个页面，可能是用户觉得管理后台操作复杂的原因。根据认知负荷理论，人的认知资源是有限的，任何活动都需要耗费一定的认知资源，过于复杂的流程页面会增加用户的认知负担。好的交互流程能将流程简单化，让用户合理分配认知资源，减少用户的认知负荷。

以作者入驻流程页面为例，如果一开始就是一个复杂的页面，需要作者把手机号、名称、简介、头像等信息都填完，才能注册，那么作者就有可能直接放弃了。简单的做法是分解入驻注册流程，一步步引导作者进行操作，而且把最复杂的流程放到最后，暗示只差最后一步了，如图 8-7 所示。

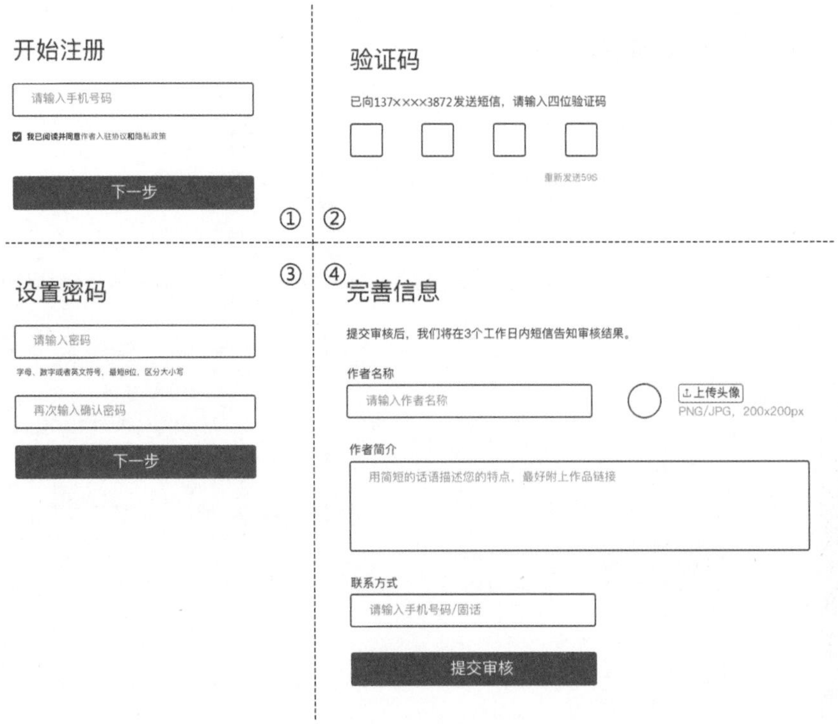

图 8-7　流程页面设计

8.3.4　页面细节设计

　　视频上传对网络的要求比较高，且一般视频都不可能在短时间内上传完成，所以在视频上传交互时，可以适当增加一些细节设计，如提示当前的上传速度、剩余时间等，提升用户体验，如图 8-8 所示。

图 8-8　页面细节设计

8.3.5 创建最小化 Symbol 库

对于一些复用性较高的组件，应该尽早创建 Symbol 库，方便后续页面的引用，如管理后台高频使用的一级导航、二级导航，应该尽早就进入 Symbol 库，如图 8-9 所示。

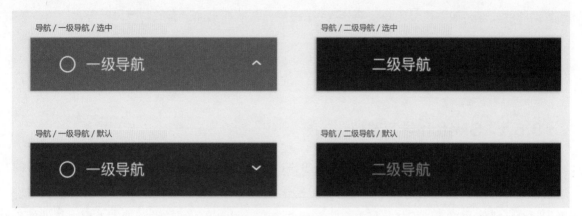

图 8-9 尽早创建 Symbol 库

8.4 后台交互说明

管理后台，即 Web 网站的交互说明，大体上与 App 差不多，但相比 App，管理后台的交互说明的重心应该放在业务功能上，把业务功能的逻辑、数据的交互、角色的互动等都说明清楚，如有必要，务必附上相应的流程图进行说明。与 App 相同的交互说明技巧就不再重复了，下面来学习一些不一样的提高管理后台交互说明水平的"套路"。

8.4.1 学会讲故事

要写好交互说明，必须学会讲故事，相比机械化的文字描述，融入故事的讲述，能把阅读对象带入相应的情景中，更容易理解交互设计师的意图。以图 8-8 所示的上传速度字段为例，不同的交互说明版本如下。

（1）普通版：实时展示的当前视频的上传速度，精确到 KB/s，小数点后 2 位。

（2）故事版：视频上传对网络的要求比较高，作者上传视频时，希望对视频上传的速度有所感知，所以增加实时展示的当前视频的上传速度，精确到 KB/s，小数点后 2 位。

显然，故事版能为枯燥的交互说明增添一些色彩，对于复杂的交互说明，学会讲故事就显得很有必要了。

8.4.2　时刻警惕权限和安全

管理后台，意味大量的公司核心机密数据都从数据库中进行展示，如何从交互设计的角度来防范数据外泄的风险呢？目前可行的方式有禁止复制、粘贴和导出，避免数据批量外泄；敏感数据脱敏处理，如手机号码隐藏部分数字；提供异常监控页面，有效防范风险等。

8.5　学习建议

8.5.1　Sketch 学习建议

或许有人会问：有什么方法可以尽快掌握 Sketch 呢？答案可能是让人失望的。任何学习的过程都是枯燥的，软件也是，兴趣一直是维持学习动力的良师益友，如果对 Sketch 这款软件提不起自己任何的兴趣，不如趁早放弃。在软件学习过程中，不要执着于搜索教程，软件教程的作用在于引导和解惑，真正精通一门软件最终还是要靠自己的不懈努力。软件的学习也没有任何捷径可走，不断地学习和积累，把软件应用到项目中进行实战检验，才是软件学习的正确路径。

1. 拥抱变化

人们可能都有这样一个特点，一旦习惯养成了，就很难做出改变，一些应用的更新，换来的可能是千篇一律的拒绝，因为习惯了应用之前的样子。同理，习惯了一款软件之后，往往很难做出改变，尽管别人告诉你这些软件可能更好玩，你也会不屑一顾。

设计师是最擅长把握时代趋势的一群人，任何新鲜事物都逃不过他们的双眼，他们热衷于讨论新的设计趋势、探索新的设计风格、发现新的设计利器。如果 Sketch 是他们心中所想的设计利器，他们要学会放下习惯已久的设计软件，乐于挑战学习新的东西，相信 Sketch 这款备受众多设计师青睐和大企业重视的软件不会令你失望。

2. 大量练习

无论 Sketch 也好，Principle 也罢，它们都是优秀的设计工具。工具的熟练程度是与人的使用次数成正比的，很多人仅坚持学习了不到一个星期，就放弃了，提高软件的使用水平从何谈起？还有很多人热衷于搜索各种软件的源文件，东拼西凑终于组成了一个自己认为很"满意"的作品，但实际上，连实现的原理都搞不懂。

真正优秀的软件使用者，他们经历了至少几百个作品的练习，练习提高软件水平有一个可靠思路就是临摹和思考别人的作品。如果是苹果手机用户，建议把 App Store 上除游戏之外的前 10 名免费应用下载下来，用 Sketch 临摹、还原其中的设计，可以忽略软件的视觉设计部分，并思考这些应用还有什么值得改进的地方。遇到软件使用问题时，先自己独立思考，如果得不到答案，再尝试求助他人。

3. 项目实战

当学习 Sketch 遇到一定"瓶颈"时，可能会觉得自己学习得还不够深入，但事实可能不是这样的，因为经过长时间努力的学习，但是感觉不到软件带来的任何价值，久而久之学习提高的热情就退却了。此时，把 Sketch 应用到项目中的时机已经到来，尝试着利用 Sketch 替代之前已经习惯的软件，看能否为项目工作效率、团队协作方面带来帮助，并且去解决软件在项目应用中遇到的一些问题。通过项目实战的检验，快速提升自己 Sketch 的使用水平，为自己的学习带来回报，甚至带来一些职场上的竞争优势。

或许，现在的 Sketch 还不是很完美，但是，没有任何一款工具是十全十美的，只要能提高项目质量的工具，就是好的工具。

8.5.2　交互设计学习建议

适合自己的才是最好的，掌握一款优秀的交互设计软件并不能代表可以成为交互设计师，产生这种误区的根源在于对交互设计岗位的理解不够深刻，相反，一些交互设计师利用原始的笔和纸设计出了优秀的作品。学习软件的最终目的还是为了自己的职业服务的。

1. 走出舒适区

人类文明史就是一部漫长的学习进化史，交互设计师要进化同样需要给自己"充充电"。不知道何时起，"快速、立即、马上见效"这样急功近利的观念已深入民心，以为看完一本书就是中级交互设计师了，学习了为期 3 个月的微课程培训班就成为高级交互设计师了。试想，这么容易就能学习得到的东西，有多少含金量？所以，给旨在成为交互设计师学习上的人一点忠告：所有通过走捷径的学习方式对交互设计师的成长是无用的，真正的学习之旅是不平坦且遥远的，如图 8-10 所示。

图 8-10　交互设计学习之路

从学科建设和理论支撑体系来说，交互设计有更深厚的理论研究基础，相关学科涉及人机交互、心理学、界面设计、美学等。国外有美国卡内基梅隆大学的人机交互（HCI），国内有江南大学等设计高校，交互设计需要学习的内容远远不止一款交互设计软件那么简单。从现在开始，走出舒适区，努力成为一名优秀的交互设计师吧。

2. 学会换位思考

交互设计师和视觉设计师、前端工程师角色结合得更紧密了，可能是 Sketch 应用在整个项目流程中感受最深的。交互设计师和视觉设计师过去从未像现在一样，可以共建一套双方都适用的组件库，大大提高双方的工作效率。Sketch 的项目应用也为交互设计师学习视觉设计知识、实现前端技术提供了契机，一方面，交互设计师学习其他角色的知识体系，能帮助用户站在对方的角度多思考，提高沟通效率；另一方面，交互设计师也能通过这些知识，提高自身的专业水平，应对新时代提出的具备"全链路设计"能力的要求。

延伸开来，换位思考也是交互设计师需要具备的能力之一，它不仅是针对协同角色，也是针对产品实际用户的换位思考，它还有一个名词称为"同理心"。在交互设计的过程中，站在用户的角度和立场思考问题，体会用户的想法，解决用户的问题，就是同理心设计。

3. 规划作品集

交互设计师都需要制作一本属于自己的作品集，它是交互设计师项目贡献价值、交互设计反思和个人设计风格的综合体现。作品集也是交互设计师总结沉淀、自我提升的重要方法，整理作品集时，也有一些需要注意的思路。

（1）这个作品的亮点在哪里？解决了什么样的问题？

（2）这个作品存在什么样的不足？可以怎样改进？

（3）这个作品遇到了什么难点？最终是如何克服的？

（4）这个作品的设计过程是怎样的？

（5）这个作品的最终成果如何？

注意，Sketch 是一款矢量设计工具，交互设计师利用它能一边完成项目的交互设计工作，一边包装自己的作品集。

结 语

很荣幸有您这样有趣的读者，能够坚持把我的作品看完，这是对我最大的鼓励和认可。毕竟，在背后支持我的家人，他们的热情也未必足以支撑他们看完整本书，因为本书内容对他们而言可能过于陌生。

如果您在阅读完本书的同时，顺便掌握了 Sketch 这门技能，那么应该能为您的设计工作带来一定的帮助。因为在设计界，Sketch 正变得越来越受欢迎。Apple、谷歌、微信、阿里巴巴等知名企业都在用，不少设计软件和设计协同平台（如 Axure、墨刀、语雀等）都实现了对 Sketch 的兼容支持，把 Sketch 视为设计流程的重要一环，Sketch 格式的设计资源也随处可见……用一句时髦的话来说，就是 Sketch 已经构建成了设计生态闭环。所以，相信我，学习 Sketch 是您正确的选择。

老实说，学习 Sketch 这样上手简单的设计工具，本身没有太大难度，甚至通过参照官方的使用手册就能学会其中 90% 的功能操作，以至于我一度担心纯工具性的内容介绍无法支撑起整本书。当我尝试把多年的交互设计经验融入进去时，发现内容变得更充实也更有趣了。这让我明白，任何工具的学习都离不开使用意图，正如 Sketch 需要服务于设计本身一样。当然，将自己的经验和工具结合才能发挥出最大的作用，他人的经验只能作为自己的参考，学习 Sketch 时请务必牢记这一点。

最后，如果您觉得这本书对自己有帮助，我希望您能够把知识分享给更多的人。无论这个世界是否会被改变，分享都使人快乐。

参考文献

杰克·纳普，约翰·泽拉茨基，布拉登·科维茨. 设计冲刺：谷歌风投如何 5 天完成产品迭代 [M]. 魏瑞莉，涂岩珺，译. 北京：浙江大学出版社，2016.

科尔伯恩. 简约至上：交互式设计四策略 [M]. 李松峰，秦绪文，译. 北京：人民邮电出版社，2011.

穆德，亚尔. 赢在用户：Web 人物角色创建和应用实践指南 [M]. 范晓燕，译. 北京：机械工业出版社，2007.

尼尔. 移动应用 UI 设计模式：第 2 版 [M]. 田原，译. 北京：人民邮电出版社，2015.

约翰逊. 认知与设计：理解 UI 设计准则 [M]. 张一宁，译. 北京：人民邮电出版社，2011.